黄淮冬麦区小麦籽粒质量调查与研究

魏益民　关二旗　张　波等　著

科学出版社

北　京

内 容 简 介

本书主要介绍了2008~2010年黄淮冬麦区河南、河北、山东、陕西1385份农户田间小麦籽粒样品,424份粮库仓储小麦籽粒样品的籽粒质量、小麦品种质量,以及小麦品种布局等信息;分析了在生产上质量较为稳定的优质小麦品种的特点;讨论了优质强筋小麦的区域分布特征;提出了生产优质小麦原料和食品的可能性和发展潜力。

本书可供小麦育种栽培、食品质量分析科教人员,食品加工企业工程技术管理人员参考,也可供高等院校相关领域的研究生阅读。

图书在版编目(CIP)数据

黄淮冬麦区小麦籽粒质量调查与研究/魏益民等著.—北京:科学出版社,2013.1

ISBN 978-7-03-036205-6

Ⅰ.①黄… Ⅱ.①魏… Ⅲ.①黄淮平原-冬小麦-籽粒-质量-调查研究 Ⅳ.①S512.1

中国版本图书馆CIP数据核字(2012)第303745号

责任编辑:王海光 郝晨扬 罗 静/责任校对:宋玲玲

责任印制:徐晓晨/封面设计:北京美光制版有限公司

科学出版社出版

北京东黄城根北街16号

邮政编码:100717

http://www.sciencep.com

北京七彩京通数码快印有限公司 印刷

科学出版社发行 各地新华书店经销

*

2013年1月第 一 版 开本:B5(720×1000)

2013年8月第二次印刷 印张:10 3/4

字数:195 000

定价:68.00元

本书由现代农业产业技术体系建设专项(CARS—03)资助出版。

《黄淮冬麦区小麦籽粒质量调查与研究》著者名单

（按姓氏拼音排序）

班进福　关二旗　刘　锐　刘彦军
罗勤贵　田纪春　王步军　王守义
魏益民　尹成华　张　波　张国权
张影全

著者简介

魏益民 男，1957年11月生，陕西省咸阳市秦都区人，德国吉森李比希大学农学博士。曾任西北农林科技大学副校长（1996～2003年）、中国农业科学院农产品加工研究所所长（2002～2010年）。现任中国农业科学院农产品加工研究所教授，农产品质量与食物安全专业博士生导师，一级岗位学科人才，国家现代农业（小麦）产业技术体系加工研究室主任。

担任国家食物与营养咨询委员会委员、国家食品安全风险评估专家委员会委员、国家农产品质量安全风险评估专家委员会委员、农业部科学技术委员会委员，中国农业工程学会常务理事、中国食品科学技术学会常务理事、北京市食品学会常务理事，美国国际谷物化学家学会（AACC International）会员、美国食品科学技术学会会员（IFT）、澳大利亚皇家化学协会会员（RACI）。

主要研究方向为粮食及植物蛋白质工程、食品质量与安全。在优质小麦工程、植物蛋白高水分挤压组织化技术、食品及危害物溯源技术、食品产业链的风险分析等领域取得了数项创新性成果。先后主持和规划“十五”、“十一五”国家重大科技专项食品安全关键技术课题，国家科技攻关计划重点课题，“十一五”、“十二五”现代农业（小麦）产业技术体系专项，国家自然科学基金课题（39270447），国家高科技研究发展计划（“863”计划），农业部引进国际农业先进技术计划项目（“948”计划），科技部国际科技合作与交流项目等课题。

出版的著作有《谷物品质与食品品质——小麦籽粒品质与食品品质》（陕西人民出版社，2002）、《谷物品质与食品加工——小麦籽粒品质与食品加工》（中国农业科学技术出版社，2005）。

关二旗　男，1982年8月生，河南省驻马店市西平县人，中国农业科学院农产品加工研究所农学博士。现任河南工业大学粮油食品学院粮食工程专业讲师，主要研究方向为谷物科学与技术以及农产品质量与食物安全。

张　波　男，1978年4月生，浙江省台州市黄岩区人，中国农业科学院农学博士。现任中国农业科学院农产品加工研究所副研究员，农产品加工及贮藏工程专业硕士生导师，国家现代农业(小麦)产业技术体系加工研究室魏益民岗位科学家团队成员。

主要研究方向为粮食及植物蛋白质工程，主要从事植物蛋白高水分挤压组织化技术、小麦品质评价与加工技术等工作。主持国家自然科学基金课题(31101377)，参与国家科技支撑计划(2012BAD34B04)、“十二五”现代农业(小麦)产业技术体系专项、农业部引进国际农业先进技术计划项目(“948”计划)、科技部国际科技合作与交流项目等课题。

参与出版的著作有《谷物品质与食品加工——小麦籽粒品质与食品加工》(中国农业科学技术出版社，2005)。

序

小麦是中国的第三大粮食作物，在中国的农业生产、食品工业和居民的食品消费结构中占有重要的地位。随着人民生活水平的提高和食品加工业的快速发展，市场对小麦原料的专用化和规模化，即小麦品种的质量、规格和数量，提出了更高的要求。这些是现代农业产业技术体系和食品工业可持续发展必须面对的问题。

在现代农业产业技术体系建设专项（CARS-03）的支持下，中国农业科学院农产品加工研究所魏益民教授组织小麦产业技术体系岗位科学家及试验站研究人员，2008～2010 年以黄淮冬麦区的河南、河北、山东和陕西为重点区域，在 162 个乡镇农户田间及对应乡镇粮库定点实地抽取小麦样品，分析比较了小麦样品籽粒质量性状，获得了黄淮冬麦区小麦籽粒质量现状和加工利用的大量信息。在此基础上，魏益民教授组织团队成员编写了《黄淮冬麦区小麦籽粒质量调查与研究》一书。

该书报告了 2008～2010 年河南、河北、山东、陕西 1385 份农户田间小麦样品，424 份粮库仓储小麦样品的籽粒质量、小麦品种质量信息，以及小麦品种布局信息等；分析了在生产上质量较为稳定的优质小麦品种的特点；讨论了优质强筋小麦的区域分布特征。这些调查和研究结果具有较高的实用价值，为我国小麦产业政策制定，以及优质小麦生产区域规划、小麦产品的标准制定、品种审定、食品加工等提供了科学依据。

李振声

中国科学院院士

中国科学院遗传与发育生物学研究所

2012 年 10 月

前　言

为了提升国家和区域创新能力，增强农业科技自主创新能力，保障国家粮食安全、食品安全，实现农民增收和农业可持续发展，根据现代农业和农村发展的总体要求，在充分调研和实施优势农产品区域布局规划的基础上，农业部和财政部共同组织实施了现代农业产业技术体系建设专项。

现代农业产业技术体系建设的基本任务是：围绕产业发展需求，集聚优质资源，进行共性技术和关键技术研究、集成、试验和示范；收集、分析农产品产业及其技术发展动态与信息，系统开展产业技术发展规划和产业经济政策研究，为政府决策提供咨询，向社会提供信息服务；开展技术示范和技术服务。

现代农业产业技术体系建设的基本目标是：按照优势农产品区域布局规划，依托具有创新优势的中央和地方科研力量与科技资源，围绕产业发展需求，以农产品为单位，以产业为主线，建设从产地到餐桌、从生产到消费、从研发到市场各个环节紧密衔接，以服务国家为目标的现代农业产业技术体系，提升农业科技创新能力，增强我国农业竞争力。

小麦产业技术体系(CARS-03)由育种与种子、病虫害防控、栽培与机械、土壤肥料和水分、加工、产业经济 6 个功能研究室组成。设 35 名岗位科学家，51 个试验站。

2008 年，小麦产业技术体系加工研究室根据现代农业产业技术体系的目标和任务，在产区调查研究的基础上，以黄淮冬麦区小麦籽粒质量调查研究为主要任务，制订了《小麦籽粒质量调查研究指南》。其主要内容是，以小麦主产区黄淮冬麦区为基地，在河南、河北、山东和陕西 4 省，抽取当地主产区种植的主栽小麦品种样品，分析和评价小麦主产区生产上大面积种植的小麦品种籽粒的质量性状。在同一地区同时抽取粮库商品小麦样品，分析和评价小麦主产区粮库商品小麦的质量性状。编制年度《小麦籽粒质量调查研究报告》。以《小麦籽粒质量调查研究报告》为基础，为用户提供当年主产区小麦品种籽粒质量信息、商品粮的质量信息，以提高小麦产品质量和加工企业效益，满足市场和消费需求。

2008～2010 年，在河南、河北、山东、陕西 162 个乡镇(2010 年为 135 个乡镇)

农户田间及对应乡镇粮库开展定点、实地抽样；抽取农户田间小麦样品1385份，粮库仓储小麦样品424份；按照国家标准分析其质量性状，获得了大量的基础数据和基本信息。以此为基础，通过数据分析和处理，由魏益民教授组织并执笔撰写了《黄淮冬麦区小麦籽粒质量调查与研究》一书。

小麦产业技术体系加工研究室主任魏益民教授规划并组织实施了这项任务。中国农业科学院农产品加工研究所魏益民教授团队、河南省粮食科学研究所尹成华教授级高工团队、中国农业科学院作物科学研究所王步军研究员团队、西北农林科技大学张国权教授团队、山东农业大学田纪春教授团队、河北省石家庄市农业科学研究院郭进考研究员团队负责实施有关省区的调查研究工作。

本书主要呈现了黄淮冬麦区小麦籽粒质量以及部分小麦品种的主要信息和部分研究结果，其他数据还在处理和挖掘之中。不妥之处，敬请批评指正。

魏益民

2012年7月15日于北京

目　录

第 1 章　关于小麦籽粒质量概念的讨论

国际标准化组织(International Organization for Standardization,ISO)在《质量管理体系——基础和术语》(ISO9000:2000)中对质量概念给出了广义的定义。关于小麦籽粒质量,早期的国际贸易主要以容重定级,逐步发展成以硬度、籽粒色泽、冬春性为分类依据,按容重定级的体系。随着产业化和快速检测技术的发展,一些小麦出口国以小麦品种的质量特性为基础,探讨以用途为分类依据、以蛋白质含量为标准制订价格的新模式。国家标准《小麦》(GB 1351—2008)沿用以籽粒色泽分类为基础,按容重定级的体系。质量的定义在小麦加工利用过程中的不同阶段,包括育种、储运、制粉和最终利用,是变化的;研究者将会关注新颖的分析工具和方法,并在谷物化学理论和方法的基础上,确定质量在小麦生产和不同利用阶段的定义。

讨论如何把从消费者反馈中得到的信息再加工,形成新的育种方向或目标。了解什么是质量,实际定义有何不同,可为在市场上形成有见地的、经济合理的决策提供依据。因此,从这些定义出发,理解和定义小麦籽粒质量,有助于规范小麦籽粒质量的概念,统一其含义,制定小麦产品标准,改进小麦质量改良的实践,促进小麦产业和食品工业、储运物流和消费市场的联系和交流。

1.1　质量概念

质量(quality)是指一组固有特性满足要求的程度。质量可使用形容词来修饰,如差、好或优秀。固有的(与其相反是“外来的”)就是指在某事或某物中本来就有的,尤其是那种永久的特性。要求(requirement)是指明示的、通常隐含的或必须履行的需求或期望。通常隐含是指组织、顾客和其他相关方的惯例或一般做法,所考虑的需求或期望是不言而喻的。特定要求可使用修饰词表示,如产品要求、质量管理要求、顾客要求。规定要求是经明示的要求。要求可由不同的相关方提出。等级(grade)是指对功能用途相同但质量要求不同的产品、过程或体系所作的分类或分级。在确定质量要求时,等级通常是人为规定的。顾客满意(customer satisfaction)是指顾客对其要求已被满足程度的感受。能力(capability)是指组织、体系或过程实现产品并使其满足要求的本领(ISO9000:2000)。

根据有关质量的定义,从科学的角度理解,特别是从谷物化学角度理解,质量是一个不确定的目标。科学概念本身牵涉到具体的、定量的信息——数量、质量和性能的测定。质量是一个不确定的、可塑造的概念，没有准确定义；它本质上归结于人们的感知。人们所判定的产品特征的综合就是质量；质量的概念没有对错，只是复杂特性被全部感知的程度(Bettge, 2010)。人们的感知会随个体、文化的差异而不同。就小麦产业链而言，收储用户的质量观主要考虑籽粒的物理特性；制粉用户的质量关注点在于出粉率和白度；面制品用户则侧重制成品的消费者关注点。因此，获得一个统一的质量定义几乎是不可能的。

即使在最佳条件下，实现目标质量也是很困难的，尤其对于小麦籽粒质量。当涉及人们的判断时，不仅小麦目标质量的实现是困难的，小麦质量的定义在小麦加工、销售和最终应用范围的特定阶段也是有所不同的。小麦加工和销售的每个阶段需要质量的不同定义。在不同的阶段，定义可能不同，有时甚至还是矛盾的。

在小麦加工利用的整个过程中，很少有人能够理解，质量在一个阶段的定义不能表示其在另一个阶段定义的原因。例如，令一些小麦买家感到失望的是，购买美国的头等制粉用小麦，并不能提供一流的面包制作品质。这一事实表明，反映小麦籽粒完整性和干净程度(并不代表任何最终用途的适用性)的分级和销售标准不能被完全接受。中国的小麦收购标准按容重定级，同样不能代表其最终制作食品的质量。即使使用国际标准《专用小麦品种品质》，特别是《优质小麦-强筋小麦》(GB/T17892—1999)、《优质小麦-弱筋小麦》(GB/T17893—1999)标准分类收储的小麦，也不能保证完全满足最终制品的质量。只能理解为评价质量的性状和食品质量特性有相关关系，但不是等同关系。

1.2 测定质量

在过去的40年里，植物遗传育种已经通过DNA水平的操作和质量评价技术的发展发生了革命性的变化。这些方法通过遗传转化也给市场带来了新的产品，大幅提高了选择育种的效率。同时，免疫学和光谱学领域的技术发展提高了育种工作者快速识别新品种表现型的能力。

DNA标记辅助选择和快速表达基因型等遗传操作得到发展，育种者通过这些方法提高或改变小麦的质量。人们将会投入更多精力去改变小麦多酚氧化酶活性、淀粉组成、面筋筋力和抗穗发芽特性，并确定每一种方法的最优方案(何中虎等, 2005)。

讨论贸易应用中营销和运输阶段的小麦质量，探索小麦质量的定义和知识是当前小麦市场和研究领域内每个人的目标。尤其是在判定大量小麦的类别和潜在功能时，需要确定质量的含义。这一过程开始于一个品种的育成和目前消费者在零售货架上寻找满足个人理想质量产品的方式(Bettge, 2010)。

在市场和销售渠道中，虚拟整合作为定义质量的下一个前沿，在整个小麦供应过程中也有讨论的必要。此外，在销售链中，业务增长的经济意义和如何评估消费者对质量要素的满意程度也是个问题。质量本身是一个重要的目标，但它又必须从最终使用者满意，以及粮食市场和贸易能够产生经济效益两方面进行定义。

谷物中的植物化学物质，如羟基桂皮酸、木脂素类、植物固醇等，已经证明是一系列对健康有益的物质，并且与全谷物消费有关。然而，一些有益于人类健康的成分对小麦生产和加工利用提出了挑战。

最近，许多文章中都有谷物制品中不同植物化学物质及其含量的数据。然而，因为这些方法往往是非官方的或者利用不确定的方法，所以不同实验室的结果很难具有可比性。应讨论用于分析谷物中植物化学物质（检出限、测定限、回收率）分析方法的最低要求。另外，也需要讨论那些广泛应用而不确定的方法，如总酚含量的测定方法以及应用这些方法得出的结论。

全麦制品得到科学家和消费者越来越多的关注，对于消费者来说，质量的定义和分析方法越来越重要。质量，随着它在营养和健康上的体现，需要在实际情况下讨论和比较更好、更标准的分析方法。

1.3　定义质量

什么是质量及其在制粉中是怎么被定义的？质量即小麦制粉需要达到消费者的期望值。对面粉有特殊需求的消费者，如面包师和其他面粉使用者，他们对面粉的需求应该能够被经济合算地满足。怎样才能使商业制粉满足消费者的需求，并同时从那些对小麦质量有着不同看法的小麦供应者那得到高质量小麦是需要考虑的问题。

在实验制粉中，有两个基本的方法可用于定义质量。第一个（客观存在的）是一种实验方法，在制粉过程中降低可变性，以此可以评价小麦固有性能中的不同。第二个（不是必须存在的）反映的是商业制粉性能，制粉时设置达到预算最大经济利润的出粉率（Bettge，2010）。

作为消费者，可以用磨粉实验的数据决定买哪种小麦。然而，出粉率、流变学和最终用途的数据是基于标准试验方法制作的小麦和面粉。例如，一种小麦在65%的出粉率时有良好的烘焙质量，在75%的出粉率时它还能表现出同样良好的烘焙质量吗？商业和实验磨粉的数据是有相关性的，但这些数据能反映在面包房中最终应用的表现吗？这还需要实验磨粉技术和商业磨粉结果一致性的信息。

测定面粉质量的传统方法需要大量的材料、时间和合适的设备，这些设备通常价格不菲。在商业世界里，大量的材料一般不是问题，但时间和设备却不是总会有的。有时有设备，却没有足够测试的样品（如育种项目）。许多面粉质量的估测方法可以在适当的条件下应用。有的需要高科技的设备，如高效液相色谱(HPLC)，但其他的不是必需的。应考虑选择合适的质量性状和样品。近红外光谱分析技术(NIR)的发展及应用，使得早代育种材料的全籽粒分析成为可能，由于籽粒测定选择后可以继续播种，颇受育种工作者的欢迎(Fox et al., 2010；胡新中等，2002)。

有时，准确确定特定产品最终用途的适用性不是必需的。在这种情况下，可以运用估测方法，即通过一些理化特性判定其用途。而且，在过去的几年里，估测方法已经服务于产业，并得到了发展，弥补了传统方法的不足。新的理化测试方法能够更准确、更快速地评估面粉的潜在质量。

1.4　小麦产业链

用一套完整的小麦育种计划来完善整个小麦市场和产业链的知识储备，具有重要意义。小麦评价项目收到大量的近年来新育成小麦品系。有时，无论是有着优良品质的品种，还是非常劣质的品种，都会被筛选出来。这些样品为进一步研究它们的质量属性或不足提供了材料。影响质量的生化成分的识别导致了新技术的发展。许多美国国际谷物化学家学会(AACC)标准的测试方法来源于这样的研究。新测试方法的发展对于将关键质量属性的知识应用于小麦品种的选育和改良过程中，是至关重要的。

此外，已研究成熟的试验可以追溯到对质量产生生化效应的遗传基础。明确使用者想强化或删除的相关基因和基因组对于提高市场质量和经济效益有着关键作用。告知小麦育种家分子标记物或其 DNA 序列，可以让育种家快速识别相关基因的双亲资源，并筛选出大量在育种工作中具有发展潜力的后代(Saito et al., 2009)。

培育新的高质量小麦品系需要在品系的选择上做出睿智的决定。支持这些决定的信息来自对质量全程测定和跟踪测试的结果，对小麦质量的全程测定与跟踪测试细化到在基因组中强化或移除的基因。

1.5　小　　结

小麦籽粒质量，简称小麦质量，是指小麦籽粒的加工(制粉)或加工品(面粉)制作某种食品的适用性，也可理解为满足某种食品特性(需求)的程度。适合于制作，或能够满足某种食品制作的需求，即质量好；反之，称为质量不好。通常，表述小麦籽粒蛋白质质量的营养指标为必需氨基酸含量，表述蛋白质质量的加工指标为湿面筋含量、沉淀值、面筋指数等。根据小麦籽粒的特性，以及小麦产业链不同阶段或部门的工作特点，小麦籽粒品质也常常细分为籽粒性状、蛋白质品质、淀粉特性、流变学特性、食品质量等(魏益民,2002;2005)。

总之,消费者愿意购买能够感知到质量的产品,他们会权衡其对产品质量的期望和得到该质量(产品)所付出的成本。如果小麦产业链的所有参与者(小麦种植者、收储部门、制粉企业和最终消费用户)能够在小麦加工产业链的各个关键点上经济有效地为消费者提供高质量的产品,那么,每个人都会从产业链的质量评价和改良中受益。

参考文献

何中虎,晏月明. 2005. 中国小麦品种品质评价体系建立与分子改良技术研究. 北京:中国农业科学技术出版社

胡新中,郭波莉,魏益民,等. 2002. 近红外技术(NIR)在小麦商品粮收购中的应用研究. 西北农林科技大学学报(自然科学版),9:65-67

梁荣奇,张义荣,姚大年,等. 2002. 小麦淀粉品质改良的综合标记辅助选择体系的建立. 中国农业科学,35(3):245-249

刘广田,李保云. 2003. 小麦品质遗传改良的目标和方法. 北京:中国农业大学出版社

魏益民. 2002. 谷物品质与食品品质——小麦籽粒品质与食品品质. 西安:陕西人民出版社

魏益民. 2005. 谷物品质与食品加工——小麦籽粒品质与食品加工. 北京:中国农业科学技术出版社

张立平,葛秀秀,何中虎,等. 2005. 普通小麦多酚氧化酶的 QTL 分析. 作物学报,31(1):7-10

中华人民共和国国家标准. 小麦. GB 1351—2008

中华人民共和国国家标准. 专用小麦品种品质. GB/T 17320—1998

中华人民共和国国家标准. 优质小麦-强筋小麦. GB/T 17892—1999

中华人民共和国国家标准. 优质小麦-弱筋小麦. GB/T 17893—1999

Bettge A D, Finnie S M. 2010. Perspective on wheat quality: why does the definition keep Changing? Cereal Foods World,55(3):128-131

Fox G P, Bloustein G, Sheppard J. 2010. "On-the-go" NIT technology to assess protein and moisture during harvest of wheat breeding trials. Journal of Cereal Science,51(1):171-173

ISO. Quality Management System-Fundamentals and Vocabulary,ISO9000:2000

Productivity Commission. 2010. Wheat Export Marketing Arrangements. Report No. 51, Canberra

Saito Y, Saito H, Kondo T, et al. 2009. Quality-oriented technical change in Japanese wheat breeding. Research Policy,38(8):1365-1375

USDA. 1999. Official United States Standards for Wheat: Subpart M, section 810. 2210 to 810. 2205

第 2 章　关于小麦籽粒质量标准的讨论

2.1 引　　言

小麦籽粒质量标准与小麦的生产、收储、加工和食品制作的适用性、经济性以及市场价格有关。现代食品制造业希望食品原料能够很好地适应加工工艺的需求，质量性状稳定，且具有一定的规模或数量。由于交易定价、工艺控制和食品质量保证等需求，现代食品加工业在原料采购、原料搭配、产品制作、产品分类、价格制订等方面经常需要考虑产品的质量，以及质量分类问题。小麦的产业链相对较长，在产业链的不同环节中，已经制定了相关的产品标准或分类标准。但不同地区的生产水平不同，消费水平和生活习惯不同，以及认识水平和技术能力的差异，导致人们对小麦籽粒质量的认识有所差异，对部分质量标准的合理性和适用性提出了质疑(Bettge et al., 2010)。

在小麦产业链和食品加工业迅速发展的背景下，需要针对中国小麦产业链各环节的质量需求，深入研究制定小麦籽粒质量标准的科学依据，讨论制定小麦籽粒质量标准的指导原则，指导与小麦籽粒及其制品相关质量标准的制修订。保障食品工业对优质小麦的需求，促进小麦产业和食品加工业的可持续发展。

本章以谷物化学的理论和方法为依据，在分析中国小麦籽粒质量标准体系的基础上，根据小麦产业链生产、收储、加工和食品制作主要环节的质量需求，分析小麦主产区多年多点农户田间小麦样品和仓储小麦样品籽粒质量现状；讨论目前小麦籽粒质量标准存在的问题，提出制定质量标准的依据及指导原则。

2.2 小麦籽粒质量和标准的概念

2.2.1 小麦籽粒质量

质量是指一组固有特性满足要求的程度。固有的(与其相反是“外来的”)就是指某事物或某事物中本来就有的，尤其是那种永久的特性。要求是指明示的、通常隐含的或必须履行的需求或期望。通常隐含是指组织、顾客和其他相关方的惯例或一般做法，所考虑的需要或期望是不言而喻的。

依据此概念，小麦籽粒质量是指小麦籽粒的加工(制粉)或加工品(制品)制作某种食品的适用性，也可理解为满足某种食品特性(需求)的程度。适合于制作，或能够满足某种食品制作的需求，即质量好；反之，称之为质量不好。由于质量的定义在小麦生长及加工利用过程中的不同阶段，如育种、种植、收储、制粉和食品制作阶段，是变化的，即要求和程度是不同的。因此，很难用一个定义或一个标准满足小麦产业链上多个环节对小麦籽粒质量的理解和评价（魏益民等，2012）。

2.2.2　小麦籽粒质量标准

标准为在一定范围内获得最佳秩序，对活动及其结果规定共同的和重复使用的规则、指导原则或特性文件；该文件经协商一致制定，并经一个公认机构批准。标准以科学、技术和经验的综合成果为基础，以促进最大社会效益为目的。标准的产生经历了一个对已有科学结果和实践经验的分析、比较、综合、验证，并使其规范化的过程（GB/T 20000.1—2002）。

由于质量的定义在小麦加工利用过程中的不同阶段，如育种、种植、收储、制粉和食品制作阶段，是变化的，即要求和程度是不同的。因此，小麦籽粒质量标准在面对小麦产业链的环节和需求时，也不是单一的、固化的，或完全一致的。因为不同环节的需求存在差异，即关注的固有特性不同，对固有特性的要求程度也不同，所以就会在小麦产业链的各环节出现不同的标准。

2.3　小麦籽粒质量标准现状

2.3.1　国内小麦籽粒质量标准现状

中国涉及小麦籽粒质量的标准主要有《小麦》（GB 1351—2008）、《专用小麦品种品质》（GB/T 17320—1998）、《优质小麦-强筋小麦》（GB/T 17892—1999）、《优质小麦-弱筋小麦》（GB/T 17893—1999），以及这些标准中引用的检测标准，如《小麦籽粒硬度指数法》（GB/21304—2007）、《小麦沉降指数测定法 Zeleny 试验》（GB/T 21119—2007）等。这些标准构成了中国小麦籽粒质量标准的基本体系。

2008 年实施的《小麦》（GB 1351—2008）标准是以硬度和粒色为产品分类依据，以容重为等级划分依据。主要变化是将籽粒硬度的感官评价（目测）改为仪器检测，建立了小麦籽粒硬度分类评价体系；依据硬度（软硬）和粒色（红白）将小麦产品分为 5 类；适当放宽中等小麦不完善粒的限制；增加了标签标志要求，规定在包装物上或随行文件中注明小麦的品种名称、类别、等级、产地、收获时间等，以便于小麦产品的溯源。该标准适用于小麦收购、储存、运输、加工和销售环节。

1998 年实施的《专用小麦品种品质》（GB/T 17320—1998）主要依据小麦品种籽粒的蛋白质特性和面粉流变学特性，将小麦品种品质分为 3 类，即强筋小麦、中筋小麦和弱筋小麦；同时还给出了 3 类小麦的适宜用途。该标准适用于鉴别加工面包、面条、馒头、饼干及糕点等食品的专用小麦品种，适用于小麦品种选育、品种(品系)的品质鉴定、品种审定和推广，也适用于加工用专用小麦品种的收购、销售和加工。

1999 年实施的《优质小麦-强筋小麦》(GB/T 17892—1999)、《优质小麦-弱筋小麦》(GB/T 17893—1999)标准。该标准主要依据小麦产品籽粒的蛋白质特性、面粉的稳定时间和烘焙品质评分等特性，将小麦产品分为强筋小麦和弱筋小麦。该标准认为，强筋小麦适合制作面包等食品；弱筋小麦适合制作蛋糕和酥性饼干等食品。该标准适用于收购、储存、运输、加工及销售强筋和弱筋商品小麦。

2.3.2 国际小麦籽粒质量标准现状

美国以小麦籽粒质地(软硬)、粒色(红白)和播种期(冬春麦)对小麦产品分类。这一分类主要用于原粮采购和贸易。一些专家指出，购买美国的头等制粉用小麦，并不能提供面包制作品质。这反映出籽粒特性(不完整籽粒和杂质)的分级和销售并不代表任何最终用途的适用性(Bettge et al., 2010)。

德国在小麦品种区域试验过程中和品种审定前，已建立了以籽粒蛋白质特性和面团流变学特性为基础，以烘焙面包特性为主要依据，参考对照品种的小麦品种质量评价体系(Unbehend et al., 2003)。将小麦品种分为 3 类(强筋、中筋和饲用)9 等，以指导小麦加工企业的粮食收储和生产专用粉的原粮采购及搭配，满足国内市场对优质原料的需求。

澳大利亚小麦产品过去以软白弱筋小麦为主。近年来也大力发展硬白强筋小麦，特别是针对亚洲面条市场需求开发出了面条小麦品种(Yun et al., 1996；Andrew et al., 2006；Hou, 2001)。由于生产上种植的小麦品种籽粒质量特性十分清楚，小麦收购时即可先填报和确认小麦品种名称，再利用近红外谷物品质分析仪测定蛋白质含量，最后以蛋白质含量核定收购小麦的价格(Wilson et al., 1990)。

2.4 小麦籽粒质量标准制定的依据

2.4.1 小麦产业链主要环节的质量需求

小麦产业链由育种、种植、收储、制粉、食品制作及消费等多个环节组成，每一个环节对小麦籽粒的固有特性关注度不同，要求程度也不相同。对小麦育种家而言，审定新品种的主要依据是产量高低、抗性强弱和生产适用性，籽粒质量属于服从地位。对种子产业而言，发芽率是其最重要的固有特性，要求的程度要尽可能的高。小麦收储部门的主要目的是储备粮食和为加工业提供原料，因此，小麦收储关注水分含量(安全性指标)、杂质(纯度)、色泽和容重(与出粉率和面粉白度有关)。

小麦制粉阶段主要考虑出粉率、面粉白度和每吨电耗，因此，容重和硬度备受关注。食品制作主要关注原料制作某一种食品的适用性，制作食品的商品性，特别关注消费者的满意程度。然而，这一过程并没有关注营养问题。因为，只有营养学家和部分消费者才会关心营养问题；加工产业界更多地关心与自己利益相关的环节或问题。

制定小麦籽粒的质量和分级标准，一是为了满足不同用户对固有特性的不同需求，二是体现产品固有特性大小、高低，或作为制订价格的依据。因为有些固有特性与产品质量或经济效益关系密切，用户有可能提出尽可能高的要求。而小麦籽粒的固有特性的大小是有限的，或者说是有范围的，这些范围就可能成为分类的依据或基础。因此，有关小麦籽粒质量性状（固有特性）的现状、性状之间的关系，以及性状与最终制成食品特性的关系的研究结果或经验，应该作为制定小麦籽粒质量标准的基础。

2.4.2　小麦产业链主要环节的质量现状与问题

生产上的小麦籽粒质量现状是制定小麦籽粒质量标准或分类的基础和依据。本文以黄淮冬麦区多年多点农户田间小麦质量调查，粮库小麦质量调查的数据为依据，以小麦产业链的主要环节为重点，分析小麦籽粒的质量现状，讨论目前实施的相关标准的适用性及可能存在的问题。

1. 小麦品种及优质小麦质量标准的一致性问题

目前，涉及小麦品种或产品籽粒质量的标准为《专用小麦品种品质》(GB/T 17320—1998)、《优质小麦-强筋小麦》(GB/T 17892—1999)、《优质小麦-弱筋小麦》(GB/T 17893—1999)。这类标准同时涉及强筋小麦和弱筋小麦，但某些指标水平不一致，如降落数值(≥250s，≥300s)(表 2.1)。在弱筋小麦质量指标中，两个标准要求的蛋白质含量(＜13.0%，≤11.5%)和湿面筋含量(＜28.0%，≤22.0%)差异较大，面团稳定时间(＜3.0min，≤2.5min)也有差异(表 2.1)。虽然一个标准主要用于品种质量评价，另一个用于商品小麦质量评价，但对生产、加工和食品制造者来讲，这些指标在科学上、逻辑上和管理上应当是一致的。另外，弱筋小麦的蛋白质含量(≤11.5%)和湿面筋含量(≤22.0%)标准要求过严，不适合中国小麦生产的实际现状。

2008～2009 年河南豫北、陕西关中①、河北冀中农户田间小麦籽粒质量调查 485 份样品的蛋白质含量平均值为(14.0±1.0)%，变幅为 11.1%～16.7%；湿面

① “关中”位于陕西中部，潼关以西，以西安为中心的渭河平原地区，是陕西小麦的主产区，主要包括西安、铜川、宝鸡、咸阳、渭南 5 个省辖地级市，共 54 个县(市、区)。

筋含量平均值为(31.3±3.7)%，变幅为21.0%～46.7%(关二旗等，2012)。在混收混储的小麦收储模式下，生产上很少有大批量的强筋小麦产品。

表 2.1 专用小麦品种品质和优质小麦品质指标

项目			专用小麦品种品质(GB/T 17320—1998)			优质小麦-强筋小麦(GB/T 17892—1999)		优质小麦-弱筋小麦(GB/T 17893—1999)
			强筋	中筋	弱筋	一等	二等	
籽粒	容重*/(g/L)		≥770	≥770	≥770	≥770		≥770
	水分/%		—	—	—	≤12.5		≤12.5
	不完善粒/%		—	—	—	≤6.0		≤6.0
	杂质/%	总量	—	—	—	≤1.0		≤1.0
		矿物质	—	—	—	≤0.5		≤0.5
	色泽、气味		—	—	—	正常		正常
	降落数值*/s		≥250	≥250	≥250	≥300		≥300
	粗蛋白质*/%(干基)		≥14.0	≥13.0	<13.0	≥15.0	≥14.0	≤11.5
面粉	湿面筋/%(干基)，(14%水分基)*		≥32.0	≥28.0	<28.0	≥35.0	≥32.0	≤22.0
	面团稳定时间*/min		≥7.0	3.0～7.0	<3.0	≥10.0	≥7.0	≤2.5
	烘焙品质评分值		≥80	≥80	≥80		≥80	—
	沉淀值*/ml		≥45.0	30.0～45.0	<30.0	—	—	—
	吸水率*/%		≥60.0	≥56.0	<56.0	—	—	—
	最大拉伸阻力*/BU		≥350	200～400	≤250	—	—	—
	拉伸面积*/cm^2		≥100	40～80	≤50	—	—	—

* 为《专用小麦品种品质》(GB/T 17320—1998)品质指标；—表示未规定该指标

2. 小麦品种及小麦生产

2008～2010年，关二旗(2011)通过对豫北地区(安阳、鹤壁和新乡)9个县(区、市)(安阳县、滑县和林州市，淇滨区、淇县和浚县区，辉县市、新乡县和延津县)27个乡(镇)243份农户大田小麦样品小麦籽粒品质性状分析，研究优质小麦生产现状及存在问题。

结果发现，2008年大田小麦样品中，稳定时间达到优质小麦强筋标准要求(≥7.0min)的品种有'矮抗58'、'西农979'、'新麦18'、'新麦19'、'济麦20'等10个品种，占品种数量的31.3%；2009年，稳定时间达到要求(≥7.0min)的品种有'矮抗58'、'西农979'、'新麦19'、'新麦18'、'郑麦366'等9个品种，占品种数量的 36.0%；2010 年，稳定时间达到要求（≥7.0min）的品种有'矮抗 58'、'西农 979'、'丰舞 981'、'新麦 19'、'新麦 18'等 10 个品种，占品种数量的 50.0%。仅从稳定时间来看，优质小麦品种在生产上的种植面积呈逐年扩大的趋势。

2008～2010 年采集到的 243 份大田小麦样品，有 96.7% 的样品容重≥770g/L，符合小麦 2 级标准（GB/T 1351—2008），41.6%的小麦样品蛋白质含量≥14.0%，19.8%的小麦样品湿面筋含量≥32.0%，33.3%的小麦样品面团稳定时间≥7.0min，符合优质强筋小麦 2 级标准（GB/T 17892—1999）。参照《优质小麦-强筋小麦》（GB/T 17892—1999）标准，以容重、蛋白质含量、湿面筋含量和面团稳定时间 4 项指标同时达到标准要求为评价依据，2008～2010 年达到《优质小麦-强筋小麦》（GB/T 17892—1999）2 级标准的样品比例不足 5.0%。其中，2008 年的比例为 11.1%，2009 年为 2.5%，2010 年为 0，呈逐年下降趋势。

从小麦品质性状的表现来看，湿面筋含量较低，或面团稳定时间较短，是导致该区《优质小麦-强筋小麦》（GB/T 17892—1999）比例较低的主要原因。但同时也可看出，该标准对湿面筋含量（≥32.0%）的要求是否合理，是否仅用面团稳定时间就可以鉴定强筋小麦。值得思考的问题是这一标准是否符合生产实际，对优质小麦生产具有什么样的指导意义。

3. 小麦收储

2008～2010 年，关二旗（2011）通过对豫北小麦主产区 3 个地区（安阳、鹤壁和新乡）9 个县（区、市）（安阳县、滑县和林州市，淇滨区、淇县和浚县区，辉县市、新乡县和延津县）27 个乡（镇）79 份仓储小麦样品品质性状分析，研究了收储小麦的质量现状及存在问题。

结果发现，2008～2010 年采集到的 79 份仓储小麦样品，有 97.5%的样品容重>770g/L，符合小麦 2 级标准（GB/T 1351—2008）；32.9%的仓储小麦样品蛋白质含量≥14.0%；3.8%的湿面筋含量≥32.0%；10.1%的面团稳定时间≥7.0min（GB/T 17892—1999）。若同时以容重≥770g/L、蛋白质含量≥14.0%、湿面筋含量≥32.0%和面团稳定时间≥7.0min 4 项指标达到标准要求为评价依据，该区域没有符合《优质小麦-强筋小麦》（GB/T 17892—1999）标准的仓储小麦产品。同样，该区域也没有符合《优质小麦-弱筋小麦》（GB/T 17893—1999）标准的仓储小麦产品。

湿面筋含量低，或面团稳定时间较短，品质亚性状间的均衡性较差，是该区仓储小麦达不到《优质小麦-强筋小麦》（BG/T 17892—1999）标准的主要原因。这一结果也反映出，《优质小麦-强筋小麦》（GB/T 17892—1999）标准对湿面筋含量（≥32%）的要求是否合理，是否仅用面团稳定时间就可以鉴定强筋小麦。这一结果也同样让人质疑，目前的标准是否符合生产实际，是否对优质小麦的生产和小麦产品的收储和加工有指导意义。

2.5 小麦籽粒质量标准制定的原则

通过对国内外小麦籽粒质量标准构成要素和要素阈值，以及国际上关于这些问题的讨论分析，发现很难有一个标准可以涵盖并且适合小麦产业链的所有环节。因此，结合小麦产业链各环节的要求和特点，生产发展水平和现状，应优先制定标准的框架，产业环节的质量标准，相应的检测标准，以及操作规范和指南，可能更为现实或更具有指导意义。据此，提出小麦籽粒质量标准制定的原则，以供讨论。

① 消费需求原则。以满足消费需求为有限目标，依据消费需求的要素特点，本着质量控制和分类的要求，制定小麦籽粒质量标准。

② 生产现状原则。制定小麦籽粒质量标准，选择质量要素和阈值，应与消费需求和产业现状相适应，有利于促进产业的发展。如果标准的某些指标完全脱离生产实际，其标准的科学性和应用价值就值得质疑。

③ 经济合理原则。质量标准常常用于质量控制、产品分类或产品定价。如果指标或阈值选择不合理，常常会给应用者带来不必要的经济负担和人力投入，推高产品成本，不利于产业可持续发展。因为，产品成本最终都要从市场(消费者)上获得回报。

④ 营养平衡原则。营养特性常常和消费者的感官和加工特性没有直接的联系，有些情况下还会对加工特性产生负面作用，很少受到重视。因此，应尽量考虑营养指标要素的平衡性和可接受性，解释和克服消费者的消费误区，如小麦面粉的白度和精度问题。

参 考 文 献

关二旗，魏益民，张波，等. 2012. 黄淮冬麦区部分区域小麦品种构成及品质性状分析. 中国农业科学，45(6)：1159-1168

关二旗. 2011. 区域小麦籽粒质量及加工利用研究. 中国农业科学院研究生院博士学位论文

魏益民，刘锐，张波，等. 2012. 关于小麦籽粒质量概念的讨论. 麦类作物学报，32(2)：379-382

中华人民共和国国家标准. 标准化工作指南 第1部分：标准化和相关活动的通用词汇. GB/T 20000.1—2002

中华人民共和国国家标准. 小麦. GB 1351—2008

中华人民共和国国家标准. 优质小麦-强筋小麦. GB/T 17892—1999

中华人民共和国国家标准. 优质小麦-弱筋小麦. GB/T 17893—1999

中华人民共和国国家标准. 专用小麦品种品质. GB/T 17320—1998

Andrew S R. 2006. Instrumental measurement of physical properties of cooked asian wheat flour noodles . Cereal Chemistry，83(1)：42-51

Bettge A D，Finnie S. 2010. Perspective on wheat quality：why does the definition keep changing? Cereal Foods World，55(3)：128-131

Delwiche S R，Massie D R. 1996. Classification of wheat by visible and near-infrared reflectance from single kernels. Cereal Chemistry，73(3)：399-405

Hou G Q. 2001. Oriental noodles. Advances in Food and Nutrition Research，43：141-193

ISO. Quality Management System-Fundamentals and Vocabulary，ISO9000：2000

Unbehend L，Unbehend G，Lindhauer M G. 2003. Comparison of the quality of some Croatian and German wheat varieties according to the German standard protocol. Nahrung/Food，47(2)：140-144

Wilson W W，Gallagher P. 1990. Quality differences and price responsiveness of wheat class demands. Western Journal of Agricultural Economics，15(2)：254-264

Yun S H，Quail K，Moss R. 1996. Physicochemical properties of australian wheat flours for white salted noodles. Journal of Cereal Science，23(2)：181-189

第3章　中国冬小麦品质改良与研究进展

3.1　引　言

2010年中国小麦种植面积为24 256.5×10^3 hm^2，冬小麦种植面积占总种植面积的93.0%。小麦总产量为11 518.1万t，人均占有约85kg；冬小麦总产量占小麦总产量的94.5%。小麦平均单产为4827kg/hm^2。目前，以县为单位的小麦平均单产记录可达到7500kg/hm^2以上，高产示范田的产量已突破11 300kg/hm^2（关二旗，2011）。

近年来，中国的小麦单产提高，总产量持续增加，小麦生产取得了举世瞩目的成绩。小麦品种改良、栽培技术提高、生产条件改善，对小麦持续增产作出贡献。品种改良在小麦增产中起到了主导作用，但在品种改良过程中对品质的改良，还不能适应食品工业对食品原料专用化和规模化的需求。关于小麦品种改良、研究进展、存在问题等方面，诸多学者（何中虎等，2011；庄巧生，2003；金善宝，1996；1983；李振声，1986；赵洪璋等，1981；赵洪璋，1956；李国祯，1948）都做过系统的论述和总结。有关中国小麦品质改良现状、研究进展、存在问题等也需要讨论和总结。

本章以国内发表的论著为基础，以黄淮冬麦区为重点，整理、分析小麦品质改良历史、研究进展、存在问题；讨论小麦产业链和食品加工业的可持续发展对优质小麦的需求；结合农业生产和食品工业的发展趋势提出建议，供小麦生产、收储、食品加工等部门和研究人员参考。

3.2　品质改良研究

20世纪80年代中期，国家“七五”小麦育种协作攻关项目设立了小麦品质育种与研究课题，开始了有计划、有规模、系统性的小麦品质改良研究。这项工作的开展，成为中国小麦品质改良研究的起点或标志。

3.2.1　种质资源研究

小麦优质资源研究是小麦品质育种工作的基础。优质品种资源的研究与利用，对优质小麦育种产生了重要的影响，如‘临汾5064’的杂交利用。

张玉良等（1995）对来自28个省（自治区、直辖市）国内外小麦品种资源的蛋白质含量分析表明，国内小麦品种平均蛋白质含量为14.69%，变幅为7.50%～23.70%。国内小麦品种蛋白质含量低于国外引进品种。国内冬小麦蛋白质含量的平均值(14.89%)大于春小麦的平均值(12.24%)。调查发现纬度高低与小麦蛋白质含量呈极显著正相关，其趋势是北高南低，北方基本上呈现连片的高蛋白区。李鸿恩等(1995)对25个省(自治区、直辖市)提供的小麦种质材料的蛋白质含量、赖氨酸含量、硬度等性状鉴定结果表明，小麦品种蛋白质含量平均值为15.10%，变幅为7.5%～28.9%，表现为北部麦区的蛋白质含量高于南部麦区。赖氨酸含量平均值为0.438%，变幅为0.25%～0.80%。小麦籽粒赖氨酸含量(以籽粒干重计)与蛋白质含量呈极显著正相关。籽粒硬度的平均值为23.89s，变幅为8.5～619.4s，硬度平均值有从南向北、从东向西逐渐增高趋势。

张彩英等(1992)对中国15个地区普通小麦种质材料的沉淀值分析发现，沉淀值有从南向北、从平原到高原逐渐增高的趋势。农家品种、育成品种和国外引进品种沉淀值的平均值无明显差异，但变异系数(CV)依次增大。国外品种作为优质资源有较大的潜力。李鸿恩等(1995)对25个省(自治区、直辖市)提供的小麦种质的沉淀值鉴定结果为，沉淀值的平均值为24.45ml，变幅为4.0～62.0ml。总体来看，沉淀值也有从南向北增高的趋势。

毛沛等(1995)研究了小麦遗传资源的高分子质量麦谷蛋白亚基组成，发现有118种亚基组合。中国小麦材料中发现90种亚基组合，其中含有5+10亚基的比例仅为国外种质材料的1/3。由于5+10亚基对面筋的筋力和弹性有显著影响，因此，不含5+10亚基的小麦品种，其面团稳定性和烘烤面包的品质较低。李硕碧等(2002)对陕西省小麦品种资源的品质性状，特别是蒸煮品质分析认为，陕西省小麦品种资源的面筋强度以中筋偏弱为主，优质强筋小麦、弱筋小麦材料较少。陕西小麦品质改良的重点是提高小麦面筋的筋力或强度。郭波莉等(2002)研究了关中小麦品种食品制作的适用性，发现‘陕优225’、‘小偃6号’等具有制作面条和烘烤面包的兼用特性。

3.2.2　品质改良研究

李宗智等(1990)研究指出，中国小麦品种在蛋白质含量、面筋含量方面有下降的趋势，但在面筋强度和面团流变学特性上有所改良，认为籽粒产量和品质之间的关系是可以协调的。张彩英等(1994)对我国1959～1989年推广的主要冬小麦品种加工品质性状的研究表明，随着冬小麦产量的大幅度提高，我国不同年代育成的小麦品种的降落数值、湿面筋含量差异显著，其他加工品质性状无明显变化。近代品种的出粉率趋于下降，公差指数，软化度有显著增加的趋势。不同年份均有沉淀值、湿面筋含量、评价值等加工品质特异的品种，如‘临漳有毛’、‘小偃6号’、‘冬协4号’等。魏益民等(1992)在对陕西关中主要小麦品种的加工品质评价时也发现，

‘小偃 6 号’磨粉品质优良，湿面筋含量高，蒸煮品质(面条、馒头)较突出。

赵虹等(2000)通过对 1999 年河南省小麦品种品质性状的分析，结果为河南省中筋品种占 75%以上，强筋品种仅占 20%，认为‘豫麦 34 号’、‘豫麦 47 号’基本解决了高产与优质的矛盾，适应性好，稳产性好；‘郑麦 9023’、‘陕优 225’和‘高优 503’达到了优质强筋小麦标准。

廖平安等(2003)以 1999～2001 年度参加黄淮南片区试品种(品系)为材料，研究结果表明，参加区试品种(品系)的蛋白质含量为 14.1%，湿面筋含量为 30.2%，95.7%的小麦品种(品系)属于中筋类型，且品种间的变异大于年际变异。

3.2.3 仓储小麦质量

仓储小麦是大型粮食加工企业原粮的主要来源，其质量直接影响粮食加工企业的产品质量和加工食品的质量。

1982 年，商业部谷物油脂化学研究所等对全国 902 份有代表性的商品小麦样品质量调查结果显示，容重为 775g/L，蛋白质含量为 13.0%，湿面筋含量为 24.1%，面团稳定时间为 2.3min。

欧阳韶晖等(1998)对陕西省关中东部 9 个粮站 1995 年(9 个样品)和 1996 年(6 个样品)入库的仓储小麦质量调查结果表明，该地区仓储小麦容重为 746g/L，蛋白质含量为 13.5%，湿面筋含量为 29%，蛋白质含量和湿面筋含量均高于全国平均水平。魏益民等(1999)对 1997 年和 1998 年陕西东部渭北地区同一地点、同一仓库的小麦籽粒质量调查结果显示，容重 2 年分别为 753g/L、751g/L，出粉率分别为 65.3%、60.9%，蛋白质含量分别为 12.9%、13.0%，湿面筋含量分别为 29.1%，29.9%，面团稳定时间分别为 3.0min、3.3min。年份间被调查粮库的小麦容重、蛋白质含量和面团稳定时间变化不大，但出粉率差异较大。李昌文等(2004)、魏益民等(2009)对 2000～2002 年陕西省岐山县优质小麦示范区 11～12 个粮食储备库小麦质量的抽检结果显示，仓储小麦的容重 3 年多点平均值分别为 774g/L、778g/L、775g/L；蛋白质含量 3 年多点平均值分别为 13.9%、14.2%、14.7%；湿面筋含量分别为 35.5%、41.1%、34.4%；面团稳定时间分别为 2.6min、3.4min、2.8min。

班进福等(2010)对 2009 年河北省中部地区 27 个粮库小麦质量进行调查的结果显示，容重为 809g/L，蛋白质含量为 13.5%，湿面筋含量为 30.0%，面团稳定时间为 3.0min。关二旗(2011)报告了豫北地区 2008～2010 年每年 27 个粮库收储小麦的研究结果，容重 3 年平均值分别为 809g/L、801g/L、806g/L，蛋白质含量 3 年平均值分别为 13.9%、13.0%、13.9%，湿面筋含量 3 年平均值分别为 30.0%、28.0%、25.0%，面团稳定时间 3 年平均值分别为 4.3min、5.3min、6.5min。

1982 年至今，仓储小麦的容重明显提高，蛋白质含量和湿面筋含量有所提高，面团稳定时间改进不明显，但豫北地区小麦面团的稳定时间有明显改进(表 3.1)。

表 3.1　仓储小麦籽粒质量变化

取样年份	样品数量	样品区域	容重/(g/L)	蛋白质含量/%	湿面筋含量/%	稳定时间/min	资料来源
1982	902	全国征集	775	13.0	24.1	2.3	商业部谷物油脂化学研究所品质室，1986
1995～1996	16	陕西关中东部	746	13.5	29.0	—	欧阳韶辉等，1998
1997	1	陕西东部	753	12.9	29.1	3.0	魏益民，1999
1998	1	渭北旱原	751	13.0	29.9	3.3	
2000	12	陕西岐山县	774	13.9	35.5	2.6	魏益民等，2009
2001	12		778	14.2	41.1	3.4	
2002	11		775	14.7	34.4	2.8	
2009	27	冀中地区	809	13.5	30.0	3.0	班进福，2010
2008	27	豫北地区	809	13.9	30.0	4.3	关二旗，2011
2009	27		801	13.0	28.0	5.3	
2010	27		806	13.9	25.0	6.5	

3.3　小麦品质改良进展

小麦品质改良是小麦育种目标的主要内容之一，贯穿于小麦育种工作的每一个历史时期。但不同时期小麦育种目标有所不同，重点有一定差异。品质改良在中国作为一个特定的概念，或专门的论述，在 20 世纪 80 年代中期以前，很难找到系统的研究资料。

3.3.1　小麦品质改良进展

据资料考证，我国现代意义上的小麦品种改良工作始于 1914 年。‘碧玉麦’(Quality)1923 年由美国引入中国，1959 年种植面积大于 66.7 万 hm^2。该品种的英文名称“Quality”，即优质，品种主要特性描述记载为“秆硬，籽粒大，品质好”(金善宝，1983；庄巧生，2003)。西北农学院(现为西北农林科技大学)在开展小麦杂交育种时，选用了‘碧玉麦’作亲本，其理由之一是该材料“籽粒大，品质特好，兼抗条锈病”(金善宝，1983)。选育出来的小麦品种‘碧蚂 1 号’粒白质佳，湿面筋含量达 30%左右。1959 年全国种植面积大于 60 万 hm^2，成为我国种植面积最大的品种(金善宝，1983；赵洪璋，1956)。

1951年庄巧生撰文介绍环境与小麦品质的关系。1983年，金善宝提出的小麦育种目标为“选育出适应不同地区、不同生产水平的丰产、稳产、优质、低耗的小麦优良品种”，并把“优质”育种目标列入评价品种的主要标准之一。1986年，李振声在介绍小麦远缘杂交和‘小偃6号’的品种特性时，用到优质(good quality)的概念，提到了‘小偃6号’的蛋白质含量、赖氨酸含量，特别指出该品种适宜制作面包、面条，深受陕西消费者的欢迎(李家洋，2007)。1993年，林作辑(1993)提出了“食品加工与小麦品质改良”的关系问题，论述了小麦品质的概念，以及不同食品对小麦及小麦粉品质的要求，特别是探讨了面条、馒头品质对小麦品质的要求。20世纪90年代利用国外优质资源，有目的的育成了优质强筋小麦品种‘中作8131’，在生产上得到推广，并衍生了一系列的优质小麦品种，如‘安农33’等。

20世纪80年代，山东省在小麦产量水平显著提高的基础上，确定了以选育适合于制作面包的强筋小麦新品种为重点，带动制作优质面条、水饺等食品的优质中筋小麦新品种选育的育种目标。90年代，要求优质商品粮的综合品质达到《优质小麦-强筋小麦》(GB/T 17892—1999)的水准；优质品种在不同地点、不同年份应稳定，并达到上述标准的最低水平(陆懋曾，2007)；对省区和国家审定的、在生产上推广的优质品种提出了更严格的要求。山东省在生产上表现突出的代表性品种有‘济麦17’、‘济麦19’、‘济麦2’等。河南省多年来在重视小麦生产的基础上形成了以中筋为主的品质类型，近年也育成若干中强筋的优质专用品种在生产上推广，并逐渐把强筋和中筋偏强品种的选育作为品质改良的重点，其代表性品种有‘郑麦336’(王绍忠等，2007)。

庄巧生(2003)在论述20世纪80年代以来的小麦品质改良问题时指出，80年代末，考虑到我国生产上种植的小麦品种基本上可以满足加工馒头、面条的要求，对于后者还略欠咬劲，适口性差，主要是面筋强度不够，因此提出了面包小麦，以提高面筋强度为核心。饼干、糕点小麦则以降低蛋白质含量为主要目标，并采取了以发展面包和饼干糕点用小麦带动面条和馒头用小麦的品质改良策略。因为面包麦的面筋强度大，可以通过配麦(粉)来改善面条品质。80年代中后期，由于小麦需求量加大，研究投入有所增加，小麦主产区的育种、加工科研单位相继建立了品质实验室，与品质育种有关的一些基础理论研究也逐渐开展。庄巧生(2003)在论述小麦品质改良存在的问题和今后发展方向时也指出：第一，现有优质品种的数量太少，类型不多；第二，现有品种的品质总体水平还有待提高，其面团流变学特性和食品加工特性与美国、加拿大进口的优质麦尚有一定差距；第三，与普通麦推广品种相比，现有优质麦在产量、抗病性、抗逆性方面仍有一些差距，因此，提高优质麦的农艺性状，选育优质高产兼顾品种是今后的主要任务；第四，在优质源的改造方面进展较为缓慢；第五，在优质麦的生产中，如何通过品种与栽培措施相结合，调节蛋白质含量和面筋强度，提高品质的稳定性尚需深入研究；第六，目前品质检测与监控体系尚不完善或未建立，测试方法也亟待标准化；第七，我国是以消费馒头和面条为主的国家，这两种面食的选种指标亟待确定，其评价标准也须标准化；第八，制定全国小麦品质区划，是优质麦分区育种和建立生产基地的前提。

万富世等(1989)在组织推动我国小麦品质区划和优质小麦生产方面做了大量的工作。李宗智等(1984)在小麦品质资源研究与利用方面开展了大量的基础性工作。何中虎等(2011;2006)在小麦品质评价体系建立和华北北部强筋小麦品种选育方面打下了初步基础，正在克服优质与当前推广品种产量水平的矛盾。魏益民等(2004;1994)在黄淮冬麦区小麦品质分析与评价，以及小麦加工利用、指导企业生产优质产品方面开展研究。他们还对我国小麦品质改良工作中应加强的重点，或生产模式及技术体系提出了各自的建议。

3.3.2　品质改良阶段目标分析

通过分析中国小麦品种改良和品质研究发展历史，可以将小麦品种改良工作划分为三个阶段。分析每个阶段品质改良在育种目标和育种实践中的地位，可以看出，真正意义上的品质改良工作始于 20 世纪 80 年代中期。

第一，产量为主要目标的起步阶段。这一阶段为 20 世纪 20～40 年代末。由于战争和灾荒，生产条件极差，多数人吃饭困难，科学技术水平落后，解决全社会的饥荒是主要问题。育种家多以高产、抗病、适应当地条件为主要育种指标。当时的系统育种，初期的杂交育种均是如此。品质好在当时是可望而不可求的目标。农民更是以高产、稳产为选择种植品种的主要目标。农民对品种品质的认识，仅仅是在生产、食用过程中的体会和自我评价，特别是对籽粒外观品质、传统食品(面条、馒头等)的感官认识和经验而已。但这些评价和经验，在一定程度上影响品种的种植面积和种植年限，也因此保留了一部分优质的农家品种资源。‘碧玉麦’的推广种植和在杂交育种中的成功利用，正好符合这一时期以高产、稳产为目标的主动需求，以及民间又要尽可能满足食品制作需求的这种愿望(金善宝，1983)。

第二，产量为主兼抗病特性阶段。这一阶段为 20 世纪 50～80 年代。由于农业生产的发展和粮食供给的需要，全国建立了比较完善的农业研究机构，杂交育种在全国范围内普遍开展。灌溉面积的扩大和化肥的应用，对小麦高产、稳产、抗病提出了新的要求。小麦育种工作者的育种目标更加明确，总体上仍以高产、抗病、适应性为主，但兼顾的性状有所增加，其中也包括“品质”。这一时期品质的概念，仍然停留在籽粒外观品质，如角质率、容重等，以及农民对小麦品种制作食品质量的经验评价。虽然国家的研究机构已提出并着手研究小麦的品质问题，但最终没有全面展开(庄巧生，2003；赵洪璋，1956)。

第三，产量为主兼顾抗病和品质阶段。这一段为 20 世纪 80 年代至今。农村实行家庭联产承包生产责任制以后，劳动生产率大大提升，粮食产量大幅度提高。

随着生活水平的变化，工业化和城市化的进一步发展，食品的需求也向多样化和工业化加工方向发展，小麦品质问题引起了社会的普遍关注。人们对小麦品质的认识也随着国外研究结果的引进、国内研究的深入，以及食品工业的发展而逐步深入和趋于完善。

1983年，金善宝在《中国小麦及其系谱》中提出："丰产、稳产、优质、低耗"的育种目标，可认为是小麦育种界对品质问题的共识和表述。1986年，"小麦品质育种和品质研究"列入国家"七五"小麦育种协作攻关项目，表明全国范围内开始有组织、有规模、系统性地开展科学研究。"八五"、"九五"基本延续了"七五"全国协作攻关的模式。1992年9月国务院发布了关于发展高产、优质、高效农业的决定(简称"两高一优农业")，进一步强调了"优质农产品"在发展我国高效农业中的重要地位和先锋作用。农业部在1992年和1995年举办了两次优质小麦鉴评会。由此，掀起了不同学科、不同部门的科研单位系统研究小麦品质、加工利用、优质小麦生产与基地建设等问题，产业链之间的一些科学和管理问题也开始得到关注。

3.4 主要问题与建议

3.4.1 主要问题

林作辑等(1993)指出，将近半个世纪中，由于育种家的不懈努力，我国小麦产量性状获得明显的遗传改良，品种的产量潜力成倍提高，品质性状有的有所下降，有的变化不大，而在最重要的面包烘焙品质性状上部分品种反而有所改良。人们普遍关心的问题是协调优质与高产的矛盾。王辉等(2003)对2001～2002年度全国冬小麦7个区域79个参试品种(品系)品质性状的分析结果表明，蛋白质含量为14.1%，沉淀值为27.1ml，面团稳定时间为3.1min。认为面筋蛋白质质量差是当前我国冬小麦品质改良的主要问题。农业部谷物品质监督检验测试中心(北京)2003～2005年连续3年的小麦质量普查结果表明，我国小麦的蛋白质含量较高，有60%的样品蛋白质含量达到14.0%；但从湿面筋含量和稳定时间来看，达到强筋小麦国家标准的样品所占比例较低(高新楼等，2009)。胡卫国等(2010)对黄淮冬麦区2000～2009年324份参加区试品种(品系)的品质分析结论认为，当前黄淮冬麦区小麦品质改良的重点是蛋白质质量的改良，应使品质性状平衡发展。

总之，面团稳定时间较低，或稳定时间与蛋白质含量和湿面筋含量指标不协调，是我国小麦品种品质存在的主要问题，其实质是蛋白质含量较低。

3.4.2 建议

通过分析存在的问题，结合生产调研，考虑食品加工业对优质小麦的需求，提出如下建议，供讨论和参考。

① 小麦育种工作者在选育高产品种的同时，应兼顾优质水平的提升，特别要注意小麦品种品质性状的协调性，如蛋白质含量、湿面筋含量和稳定时间的协调性；关注小麦品种的食品加工特性和适用性，重视小麦品种加工中国式面条、饺子等传统食品的适用性，以及消费者对面粉及面粉制品白度的特殊偏好；培育适合中国食品工业需求的小麦品种。

② 优质小麦的生产应首先选择具有优质小麦生产能力或潜力的区域。小麦的田间管理措施在保证高产的前提下，注意提升蛋白质含量和湿面筋含量措施的推广。因为蛋白质含量和湿面筋含量与生产环境和栽培措施关系密切。

③ 高产优质小麦育种的品种资源短缺，育种材料来源领域狭窄，材料创新显得十分薄弱。在地方科研院所，该问题显得十分突出，应着手尽早研究这些问题。

④ 优质小麦品种评价的基本原理是其制作食品特性的适用性，一批适合制作某一种食品的小麦品种的品质性状及水平是制定和评估标准的理论依据。标准水平的取值范围既要尊重现实，又要考虑食品工业的需求。我国现行的《优质小麦-强筋小麦》(GB/T 17892—1999)标准中的稳定时间、湿面筋含量和蛋白质含量取值水平是否适合我国目前小麦品种的品质水平，是否适应面粉和食品加工业的需求，是否有充分的理论依据，还值得磋商和进一步研究。

⑤ 现有的粮食定级标准(容重定级)和收储模式(混收混储)，导致了粮库小麦样品的质量低于田间小麦样品的质量；影响优质小麦品种的推广与种植；也导致了大规模的食品生产企业无优质小麦可用的现状。目前的小麦收储体系已不能适应现代农业和食品加工业发展的需求。

⑥ 应重视高产优质小麦品种的选育与推广，建设符合现代食品工业需求的小麦收储模式，落实优质优价政策，推动中国小麦生产和食品工业的可持续发展。

参 考 文 献

班进福，刘彦军，郭进考，等. 2010. 2009 年冀中商品小麦品质分析. 粮食加工，35(5)：19-23

高新楼，邢庭茂，刘劲哲，等 . 2009. 小麦品质与面制品加工技术 . 郑州：中原农民出版社

关二旗. 2011. 区域小麦籽粒质量及加工利用研究. 北京：中国农业科学院研究生院博士学位论文

郭波莉，魏益民，张国权，等. 2002. 陕西关中小麦食品制作特性研究. 中国粮油学报，17(6)：23-27

何中虎，晏月明，庄巧生，等. 2006. 中国小麦品种品质评价体系建立与分子改良技术研究. 中国农业科学，39(6)：1091-1101

何中虎，夏先春，陈新民，等 . 2011. 中国小麦育种进展与展望. 作物学报，37(2)：202-215

胡卫国，赵虹，王西成，邱军，等. 2010. 黄淮冬麦区小麦品种品质改良现状分析. 麦类作物学报，30(5)：936-943

金善宝. 1983. 中国小麦品质及其系谱. 北京：农业出版社

金善宝. 1996. 中国小麦学. 北京：中国农业出版社

李昌文，魏益民，欧阳韶晖，等. 2004. 关中西部商品小麦品质分析与评价. 粮食与饲料工业，(3)：7-8

李国祯. 1948. 陕西小麦. 南京：南京美吉印刷社
李鸿恩，张玉良，李宗智. 1995. 我国小麦种质资源主要品质特性鉴定结果及评价. 中国农业科学，28(5)：29-37
李家洋. 2007. 李振声论文集. 北京：科学出版社
李硕碧，李必运. 2002. 陕西省小麦品种资源加工品质性状及利用研究. 中国粮油学报，17(5)：7-10
李宗智，孙馥亭，张彩英，等 . 1990. 不同小麦品种品质特性及其相关性的初步研究. 中国农业科学，23(6)：35-41
李宗智. 1984. 小麦品质的遗传改良. 麦类作物学报，(2)：6-9
李宗智. 1984. 小麦品质的遗传改良(续). 麦类作物学报，(3)：4-6
廖平安，郭春强，靳文奎. 2003. 黄淮南部小麦品种品质现状分析. 麦类作物学报，23(4)：139-140
林作辑. 1993. 食品加工与小麦品质改良. 北京：中国农业出版社
陆懋曾. 2007. 山东小麦遗传改良. 北京：中国农业出版社
毛沛，李宗智，卢少源. 1995. 小麦遗传资源 HMW 麦谷蛋亚基组成及其与面包烘烤品质关系的研究. 中国农业科学，28(增)：22-27
欧阳韶晖，魏益民，张国权，等. 1998. 陕西关中东部小麦商品粮品质调查分析. 西北农业大学学报，26(4)：10-15
商业部谷物油脂化学研究所品质室，1986. 北京市粮食科学研究所谷化室 . 我国商品小麦 1982 年品质测定报告(内部资料). 全国小麦品质改良研讨班资料选编
万富世，王光瑞，李宗智. 1989. 我国小麦品质现状及其改良目标初探. 中国农业科学，22(3)：12-21
王辉，马志强，曹莉，等. 2003. 我国冬小麦品种品质现状与问题. 西北农林科技大学学报，31 (4)：34-40
王绍中，郑天存，郭天财. 2007. 河南小麦育种栽培研究进展. 北京：中国农业科技出版社
魏益民，李志西，张国权，等. 1994. 陕西省小麦品种品质性状研究. 西北植物学报，14(4)：286-294
魏益民，李志西. 1992. 关中主要小麦品种加工品质性状的研究. 西北农业学报，1(2)：19-24
魏益民，欧阳韶辉，胡新中. 1999. 小麦商品粮品质分析报告. 西部粮油科技，24(6)：41-43
魏益民，张国权，欧阳韶晖，等. 2009. 县域优质小麦生产效果分析 Ⅲ. 陕西省岐山县商品小麦质量调查. 麦类作物学报，29(2)：267-270
魏益民. 2002. 谷物品质与食品品质——小麦籽粒品质与食品品质. 西安：陕西人民出版社
魏益民. 2004. 中国优质小麦生产的现状与问题分析. 麦类作物学报，24(1)：95-96
魏益民. 2005. 谷物品质与食品品质——小麦籽粒品质与食品加工. 北京：中国农业科技出版社
张彩英，李宗智，常文锁，等. 1992. 小麦种质资源沉淀值的研究. 中国粮油学报，7(4)：14-18
张彩英，李宗智. 1994. 建国以来我国冬小麦主要育成品种的加工品质演变及评价. 中国粮油学报，9(3)：9-13
张玉良，曹永生. 1995. 我国小麦品种资源蛋白质含量的研究. 中国粮油学报，10(2)：5-8
赵虹，王西成，李铁庄，等. 2000. 河南省小麦品种的品质性状分析. 华北农学报，5(3)：126-131
赵洪璋，张海锋，宋哲民. 1981. 小麦杂交育种工作中的若干问题. 陕西农业科学，(3)：1-8
赵洪璋. 1956. 西农碧蚂 1 号小麦选育经过. 西北农学院学报，(1)：9-17
庄巧生. 1951. 环境与小麦的品质. 农业科学通讯，(9)：32
庄巧生. 2003. 中国小麦品种改良及系谱分析. 北京：中国农业出版社
Li Z S(李振声). Breeding of intergeneric hybridization between *Triticum* and *Agropyron*. Proceedings of First Intern. Symp. on Chromosome Engineering in Plants，Oct. 20-25，1986，Xi'an China

第 4 章　小麦籽粒质量调查与分析

4.1　大田小麦籽粒质量调查与分析

4.1.1　引言

调查豫北地区农户大田小麦籽粒的质量，分析小麦品种的构成、质量、优质小麦生产现状和存在问题，评价生产上小麦品种的加工性能，为优质小麦品种选育提供参考依据。同时，为广大农户、加工企业提供详细的品种质量和商品小麦质量信息，提高农业和食品加工业的经济效益。

河南省是黄淮冬麦区重要的小麦产区之一，1984 年、1988 年和 1998 年，河南省开展了 3 次小麦品质检测分析工作。结果认为，河南省小麦不适合用于制作烘焙食品，而用于制作面条或馒头品质较好。1999 年，河南在全省收集 27 个品种(品系)34 份样品，分析小麦品质性状，筛选出一批优质高产新品种，如'豫麦 47'、'郑麦 9023'等(赵淑章等，2000)。豫北地区是河南省重要的优质小麦产区和优质商品粮供应基地，根据《中国小麦品质区划方案(试行)》，属于黄淮冬麦区北部强筋小麦产区。随着粮食流通体制改革、小麦生产结构调整和小麦品质区划工作的开展，河南省优质专用小麦品种种植面积迅速扩大。目前，在豫北地区初步建成了优质专用小麦生产基地。但是，由于受环境条件变化的影响，加上小麦品种的更新换代和品种品质的退化，小麦品种的多数品质性状存在较大的变异(马艳明等，2004)。同时，生产上使用的品种"多、乱、杂"，优质小麦品种"插花"种植现象较为严重，导致生产的小麦产品的籽粒品质普遍表现为面筋筋力不强，品质性状间一致性较差，地域和年份间品质变异幅度较大等问题(魏益民等，2009a；赵莉等，2006；呇存香等，2006)。

本章以 2008～2010 年在豫北地区采集的 243 份大田主栽小麦品种样品为材料，分析小麦籽粒品质性状，采用基本统计量分析、方差分析等方法，研究生产上小麦品种的构成、质量，优质小麦生产现状及存在问题。评估生产上的小麦产品质量水平和加工利用价值，根据分析结果提出建议，以推动区域优质小麦的生产。

4.1.2　材料与方法

1. 供试材料

根据《现代农业产业技术体系小麦质量调查指南(2008)》，2008～2010 年夏收时节，在豫北小麦主产区3个地区9个县(区、市)27个乡(镇)布点，包括安阳市安阳县、滑县和林州市，鹤壁市淇滨区、淇县和浚县区，新乡市辉县市、新乡县和延津县(图4.1)，直接从农户大田收获的小麦采集样品。布点方法为每个地区选3个县(区、市)，每个县(区、市)选3个乡(镇)，每个乡(镇)选该乡(镇)种植的主要栽培品种，并选代表性农户，抽取3份样品，每个样品5kg。每年采集81份农户大田小麦样品，3年共计243份农户大田小麦样品。小麦样品晒干后，筛理除杂、熏蒸杀虫。后熟2个月后，进行籽粒品质检测。

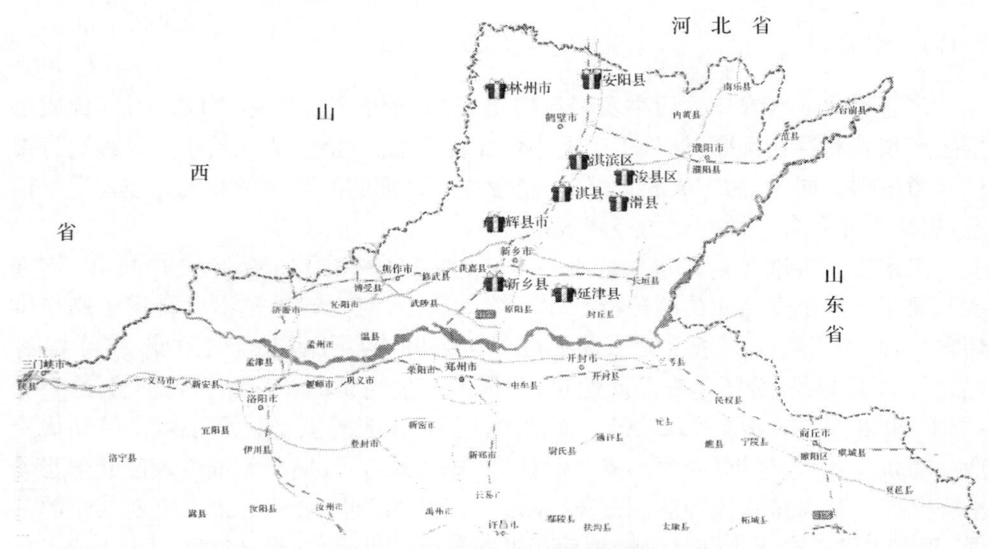

图4.1　农户大田小麦采样点分布图

2. 籽粒质量分析方法

1) 水分含量

参照GB/T 5497—85《粮食、油料检验 水分测定法》(105℃恒重法)。

2) 千粒重

参照GB/T 5519—2008《谷物与豆类 千粒重测定》。

3) 容重

参照GB/T 5498—85《粮食、油料检验 容重测定法》。

4) 籽粒硬度

参照GB/T 21304—2007《小麦硬度测定 硬度指数法》。

5) 籽粒颜色及面粉色泽

采用日本美能达CR-410型色彩色差计测定，得L^*、a^*和b^*3个参数，分别代表亮度值、红度值和黄度值。

6）出粉率

参照 NYT 1094.1—2006 小麦实验制粉规定方法。

7）蛋白质含量

参照 ICC 标准，NO. 202，采用 Petern 公司生产的 DA7200 型近红外分析仪测定小麦籽粒蛋白质含量。

8）面粉灰分含量

参照 ICC 标准，NO. 202，采用 Petern 公司生产的 8600 型近红外成分测定仪（灰分型）测定。

9）湿面筋含量

参照 GB/T 5506.1—2008《小麦和小麦粉 面筋含量》（手洗法测定湿面筋）。

10）沉淀值

参照 GB/T 21119—2007《小麦 沉降指数测定法 Zeleny 试验》。

11）降落数值

参考 GB/T 10361—2008《小麦、黑麦及其面粉，杜伦麦及其粗粒粉降落数值的测定 Hagberg-Perten 法》，采用瑞典波通 1900 型降落数值仪测定。

12）粉质参数

参照 GB/T 14614—2006《小麦粉 面团的物理特性——吸水量和流变学特性的测定：粉质仪法》。

13）拉伸参数

参照 GB/T 14615—2006《小麦粉 面团的物理特性——流变学特性测定：拉伸仪法》。

3. 数据处理

采用 SAS V8（SAS Institute，USA）统计分析软件中的 Summary Statistics 程序进行基本统计量（样本均值、标准差和变异系数）分析；采用 ANOVA 程序进行方差分析，Duncan multiple comparison 法进行多重比较，检验水平为 $P<0.05$。采用 Excel2007 处理数据和表格。

4.1.3　结果与分析

1. 小麦品种（品系）构成

2008 年抽取的 81 份农户大田小麦样品包括 32 个小麦品种（品系），样品数量居前 5 位的品种依次为‘矮抗 58’、‘周麦 16’、‘周麦 18’、‘西农 979’、‘新麦 19’，累计占全部抽样的 51.8%。占样品比例 5%以下的品种（品系）有 29 个，占样品比例 2%以下的品种（品系）有 19 个（表 4.1）。

表 4.1　豫北地区农户大田小麦品种构成

品种名称	样本数/份			比例/%			品种名称	样本数/份			比例/%		
	2008 年	2009 年	2010 年	2008 年	2009 年	2010 年		2008 年	2009 年	2010 年	2008 年	2009 年	2010 年
矮抗 58	17	21	36	21.0	25.9	44.4	兰考 18*	1	—	—	1.2	—	—
周麦 16	12	14	11	14.8	17.3	13.6	宝丰 7228*	1	—	—	1.2	—	—
周麦 18	5	2	2	6.2	2.5	2.5	超大穗 926*	1	—	—	1.2	—	—
西农 979	4	8	6	4.9	9.9	7.4	代号 702*	1	—	—	1.2	—	—
新麦 19	4	3	1	4.9	3.7	1.2	平安 1 号*	1	—	—	1.2	—	—
新麦 18	3	3	1	3.7	3.7	1.2	赵科 88*	1	—	—	1.2	—	—
偃展 4110	3	—	1	3.7	—	1.2	郑麦 98165*	1	—	—	1.2	—	—
豫麦 18	3	—	—	3.7	—	—	百农 3039*	1	—	—	1.2	—	—
豫麦 44	3	1	2	3.7	1.2	2.5	兰考矮早 8	—	3	—	—	3.7	—
济麦 20	2	—	—	2.5	—	—	济麦 4 号	—	1	—	—	1.2	—
开麦 18	2	1	—	2.5	1.2	—	洛旱 6 号	—	1	1	—	1.2	1.2
温麦 6 号	2	1	1	2.5	1.2	1.2	平安 6 号	—	1	—	—	1.2	—
郑麦 9023	2	—	1	2.5	—	1.2	温麦 19	—	1	1	—	1.2	1.2
丰舞 981	1	4	3	1.2	4.9	3.7	郑麦 8998	—	1	—	—	1.2	—
藁优 9415	1	1	—	1.2	1.2	—	周麦 11	—	1	—	—	1.2	—
邯 3475	1	1	—	1.2	1.2	—	周麦 22	—	1	5	—	1.2	6.2
邯 4589	1	1	—	1.2	1.2	—	驻麦 4 号	—	1	—	—	1.2	—
衡观 35	1	5	3	1.2	6.2	3.7	矮杆王*	—	1	—	—	1.2	—
周麦 20	1	—	—	1.2	—	—	温麦 4 号	—	—	2	—	—	2.5
温麦 49-198	1	—	—	1.2	—	—	济麦 22	—	—	1	—	—	1.2
新麦 9817	1	—	—	1.2	—	—	众麦 1 号	—	—	1	—	—	1.2
豫农 015	1	—	—	1.2	—	—	众麦 2 号	—	—	1	—	—	1.2
郑麦 366	1	3	—	1.2	3.7	—	玉教 2 号*	—	—	1	—	—	1.2
中育 9 号	1	—	—	1.2	—	—							

* 代表未经审定品系，—表示该小麦品种样品数为 0

2009年抽取的81份农户大田小麦样品包括25个小麦品种(品系)。样品数量居前5位的品种依次为'矮抗58'、'周麦16'、'西农979'、'衡观35'、'丰舞981',累计占全部抽样的64.2%。占样品比例5%以下的品种(系)有21个,占样品比例2%以下的品种(系)有15个(表4.1)。

2010年抽取的81份农户大田小麦样品包括20个小麦品种(品系)。样品数量居前5位的品种依次为'矮抗58'、'周麦16'、'西农979'、'周麦22'、'衡观35'、'丰舞981',累计占全部抽样的79.0%。占样品比例5%以下的品种(品系)有16个,占样品比例2%以下的品种(品系)有11个(表4.1)。

2008～2010年抽取的243份农户大田小麦样品共包括47个小麦品种(品系)。3年样品数量均居前5位的品种有'矮抗58'、'周麦16'和'西农979';2年进入前5名的品种有'衡观35'和'丰舞981';仅有1年进入前5名的品种有'周麦18'、'新麦19'和'周麦22'。从总体上来看,大田种植的小麦品种数量逐年递减,品种有趋于集中的趋势。主栽品种'矮抗58'种植比例明显上升,'周麦16'和'西农979'的种植比例基本稳定。未经审定品系的数量急剧下降。

2. 农户大田小麦样品籽粒质量性状

1) 籽粒性状

农户大田小麦样品的千粒重平均为(43.05±4.57)g,容重平均为(807±19.44)g/L,籽粒硬度平均为(57±8.02)%,籽粒颜色的亮度L^*值平均为53.25±1.92,红度a^*值平均为5.32±0.30,黄度b^*值平均为22.36±1.42。其中,千粒重和籽粒硬度的变异系数较高,分别为10.61%和13.97%(表4.2)。从农户大田小麦样品籽粒品质性状年份间的变化来看,2009年小麦样品的千粒重和容重显著低于2008年与2010年,籽粒硬度无显著差异,这说明2009年大田小麦籽粒质量较低。2008年籽粒颜色的L^*值、a^*值显著大于2010年,与2009年无显著差异,2008年籽粒颜色的b^*值显著大于2009年、2010年,2009年和2010年籽粒颜色的b^*值之间差异不显著。综合来看,2009年和2010年豫北地区小麦籽粒颜色有加深的趋势。

2) 磨粉性状和降落数值

农户大田小麦样品的出粉率平均为(56.9±6.83)%,灰分含量平均为(0.46±0.12)%,面粉色泽的亮度L^*值平均为93.50±0.83,红度a^*值平均为−1.67±0.40,黄度b^*值平均为9.43±1.70(表4.3)。从农户大田小麦样品磨粉品质性状年份间的变化来看,出粉率、面粉灰分含量及面粉色泽的L^*值、a^*值在年份间均存在显著差异。2010年面粉的亮度L^*值显著增加,而面粉的红度a^*值显著降低,面粉的黄度b^*值在年份间无显著差异。总体来看,面粉色泽有增白的趋势。

表 4.2　籽粒性状

年份	参数	千粒重/g	容重/(g/L)	硬度/%	籽粒 L^* 值	籽粒 a^* 值	籽粒 b^* 值
2008 (*n*=81)	平均值	43.80±4.29a	808±15.61a	56±8.50a	53.74±2.11a	5.40±0.34a	23.13±1.43a
	变异系数/%	9.78	1.93	15.11	3.93	6.33	6.19
2009 (*n*=81)	平均值	41.03±4.03b	802±19.30b	59±6.30a	53.46±1.72a	5.36±0.26a	22.00±1.22b
	变异系数/%	9.82	2.41	10.71	3.22	4.80	5.55
2010 (*n*=81)	平均值	44.32±4.72a	812±21.72a	57±8.90a	52.54±1.70b	5.21±0.26b	21.96±1.28b
	变异系数/%	10.64	2.67	15.58	3.24	5.07	5.82
2008～2010 (*n*=243)	平均值	43.05±4.57	807±19.44	57±8.02	53.25±1.92	5.32±0.30	22.36±1.42
	变异系数/%	10.61	2.41	13.97	3.60	5.65	6.34

注:数据后的不同字母表示年份间差异显著,显著水平 $P<0.05$,下同

表 4.3　磨粉性状和降落数值

年份	参数	出粉率/%	面粉灰分含量/%	面粉 L^* 值	面粉 a^* 值	面粉 b^* 值	降落数值/s
2008 (*n*=81)	平均值	63.5±4.99a	0.33±0.03c	93.21±0.57b	−1.60±0.40a	9.40±1.86a	426±37.41b
	变异系数/%	7.85	9.35	0.62	24.96	19.82	8.78
2009 (*n*=81)	平均值	51.5±5.15c	0.62±0.03a	93.54±1.17a	−1.54±0.40a	9.57±1.73a	472±57.91a
	变异系数/%	10.00	4.11	1.25	25.88	18.09	12.28
2010 (*n*=81)	平均值	55.9±3.91b	0.41±0.01b	93.76±0.48a	−1.88±0.31b	9.32±1.49a	487±76.12a
	变异系数/%	7.01	2.35	0.51	16.36	16.01	15.62
2008～2010 (*n*=243)	平均值	56.9±6.83	0.46±0.12	93.50±0.83	−1.67±0.40	9.43±1.70	462±64.49
	变异系数/%	12.00	27.37	0.89	23.82	18.01	13.97

农户大田小麦样品的降落数值较高,平均为(462±64.49)s。年份间大田小麦样品的降落数值存在显著差异,2008 年大田小麦样品的降落数值显著低于 2009 年与 2010 年,这表明 2008 年大田小麦样品的 α-淀粉酶活性较高。

3) 蛋白质性状

农户大田小麦样品的蛋白质含量平均为(13.76±1.01)%,沉淀值平均为(26.4±6.36)ml,湿面筋含量平均为(28.4±3.30)%,面筋指数平均为(74±

18.96)%。其中，沉淀值、湿面筋含量、面筋指数的变异系数较高，分别为 24.08%、11.59%、25.77%(表 4.4)。有 41.6%的小麦样品蛋白质含量≥14.0%，19.8%的小麦样品湿面筋含量≥32%。年份间蛋白质品质性状存在显著差异。2009 年小麦样品的蛋白质含量显著低于 2008 年与 2010 年；2008 年小麦样品的湿面筋含量显著高于 2009 年与 2010 年；2010 年小麦样品的沉淀值、面筋指数均显著高于 2008 年与 2009 年。总体来看，2010 年农户大田小麦的蛋白质质量优于 2008 年和 2009 年。

表 4.4　蛋白质性状

年份	参数	蛋白质含量/%	沉淀值/ml	湿面筋含量/%	面筋指数/%
2008 (n=81)	平均值	14.05±1.01a	25.1±6.01b	31.1±2.93a	62±17.00c
	变异系数/%	7.18	24.00	9.41	27.36
2009 (n=81)	平均值	13.25±1.01b	26.2±7.02b	28.2±2.22b	71±19.23b
	变异系数/%	7.65	26.99	7.88	26.90
2010 (n=81)	平均值	13.99±0.78a	28.1±5.64a	26.0±2.49c	87±10.19a
	变异系数/%	5.59	20.03	9.60	11.68
2008～2010 (n=243)	平均值	13.76±1.01	26.4±6.36	28.4±3.30	74±18.96
	变异系数/%	7.30	24.08	11.59	25.77

4) 面团流变学特性

(1) 粉质参数

农户大田小麦样品的面粉吸水率平均为(57.3±2.31)%，形成时间平均为(4.4±4.49)min，稳定时间平均为(8.6±11.33)min，弱化度平均为(62±37.15)BU，粉质质量指数平均为(86±98.70)mm。粉质参数的变异系数较高，样品间粉质参数的变化较大，表明小麦样品间面团加工稳定性较差(表 4.5)。年份间面团的形成时间和稳定时间无显著差异，弱化度和粉质质量指数存在显著差异。2008 年小麦样品的面团弱化度显著高于 2010 年，粉质质量指数显著低于 2010 年。总体来看，2010 年农户大田小麦面粉的面团加工品质显著提高。

(2) 拉伸参数

以 135min 面团的拉伸参数进行统计分析，农户大田小麦样品的拉伸长度平均为(149±17.92)mm，拉伸阻力平均为(232±95.46)BU，最大拉伸阻力平均为(300±163.18)BU，拉伸面积平均为(61.2±30.38)cm^2(表 4.6)。拉伸参数的变异系数较高，表明小麦样品间面团加工稳定性较差。2008 年小麦样品的拉伸参数显著高于 2009 年与 2010 年,面团延伸性较好,面团的抗延阻力较强。

表 4.5 粉质参数

年份	参数	吸水率/%	形成时间/min	稳定时间/min	弱化度/BU	粉质质量指数/mm
2008 (n=81)	平均值	57.8±1.89a	3.7±1.62a	7.5±10.68a	69±33.82a	55±9.46b
	变异系数/%	3.28	44.33	141.99	48.83	17.23
2009 (n=81)	平均值	58.3±2.05a	5.1±5.50a	8.7±11.48a	61±40.11ab	100±114.69a
	变异系数/%	3.52	108.82	131.65	65.35	114.42
2010 (n=81)	平均值	55.8±2.18b	4.6±5.20a	9.5±11.84a	55±36.35b	104±121.38a
	变异系数/%	3.90	113.90	124.12	65.94	117.27
2008～2010 (n=243)	平均值	57.3±2.31	4.4±4.49	8.6±11.33	62±37.15	86±98.70
	变异系数/%	4.02	101.45	131.87	60.00	114.48

表 4.6 拉伸参数

年份	参数	拉伸长度/mm	拉伸阻力/BU	最大拉伸阻力/BU	拉伸面积/cm²
2008 (n=81)	平均值	156±17.47a	291±101.11a	383±189.66a	76.4±30.34a
	变异系数/%	11.21	34.73	49.54	39.70
2009 (n=81)	平均值	151±16.57a	203±81.34b	264±141.27b	57.3±31.11b
	变异系数/%	10.97	40.11	53.49	54.25
2010 (n=81)	平均值	139±15.72b	203±74.01b	253±118.88b	49.8±22.87b
	变异系数/%	11.27	36.44	47.00	45.93
2008～2010 (n=243)	平均值	149±17.92	232±95.46	300±163.18	61.2±30.38
	变异系数/%	12.04	41.09	54.40	49.66

综上所述,2009 年农户大田小麦的千粒重、容重均显著低于 2008 年和 2010 年。年份间大田小麦样品的蛋白质品质性状存在显著差异,2010 年大田小麦样品的蛋白质含量、沉淀值、面筋指数较高,表明 2010 年大田小麦样品的蛋白质质量优于 2008 年和 2009 年。年份间大田小麦样品的形成时间、稳定时间无显著差异,而 2010 年面团的弱化度显著低于 2008 年,粉质质量指数显著高于 2008 年,表明 2010 年小麦样品的面团加工品质较好。

参照面包、面条等专用小麦粉行业标准,部分品种或样本能够满足优质面包、面条等食品对小麦籽粒品质的要求。仅以面团稳定时间为判断依据,243 份大田小麦样品中,有 33.3%的样品面团稳定时间≥7.0min,达到面包用小麦粉行业标准 SB/T 10136—1993。其中，'西农 979'、'新麦 18'、'郑麦 366'、'郑麦 9023'、'济麦 20'等小麦品种的面团稳定时间平均值均在 10.0min 以上，这些品种可以作为加工高筋粉的小麦原料或者配料，用于生产面包、面条等面制食品的专用粉。

3. 优质小麦生产现状

从小麦品种构成及其品质性状的分析结果来看，2008 年农户大田小麦样品中，能达到优质小麦强筋标准的品种有'矮抗 58'、'西农 979'、'新麦 18'、'新麦 19'、'济麦 20'等 10 个品种，占品种数量的 31.3%；2009 年大田小麦样品中，能达到优质小麦强筋标准的品种有'矮抗 58'、'西农 979'、'新麦 19'、'新麦 18'、'郑麦 366'等 9 个品种，占品种数量的 36.0%；2010 年大田小麦样品中，能达到优质小麦强筋标准的品种有'矮抗 58'、'西农 979'、'丰舞 981'、'新麦 19'、'新麦 18'等 10 个品种，占品种数量的 50.0%。这表明优质小麦品种在豫北生产上的种植面积呈逐年扩大的趋势。2008～2010 年大田小麦样品中，达到优质小麦强筋标准的品种有'矮抗 58'、'西农 979'、'新麦 19'、'新麦 18'、'丰舞 981'等 16 个品种，占品种数量的 34.8%。从地域分布来看，优质小麦生产主要集中在新乡地区(表 4.7)。

表 4.7 豫北地区优质强筋小麦品种统计

年度	优质小麦样品比例/%	优质小麦品种比例/%	品种名称	各地区分布情况
2008 (n=81)	30	31	矮抗 58(6/17)、西农 979(4/4)、新麦 18(3/3)、新麦 19(3/4)、济麦 20(2/2)、郑麦 9023(2/2)、丰舞 981 (1/1)、藁优 9415 (1/1)、开麦 18 (1/2)、郑麦 366 (1/1)	新乡(15) 鹤壁(5) 安阳(4)
2009 (n=81)	33	36	矮抗 58(8/21)、西农 979(8/8)、新麦 19(3/3)、新麦 18(2/3)、郑麦 366(2/3)、丰舞 981(1/4)、藁优 9415 (1/1)、济麦 4 号(1/1)、平安 6 号(1/1)	新乡(15) 鹤壁(8) 安阳(4)
2010 (n=81)	34	50	矮抗 58(13/36)、西农 979(6/6)、丰舞 981(2/3)、洛旱 6 号(1/1)、新麦 18(1/1)、新麦 19(1/1)、偃展 4110(1/1)、郑麦 9023(1/1)、众麦 1 号(1/1)、周麦 16(1/11)	新乡(13) 鹤壁(6) 安阳(9)
2008～2010 (n=243)	33	35	矮抗 58(27/74)、西农 979(18/18)、新麦 19(7/8)、新麦 18(6/7)、丰舞 981(4/8)、郑麦 366(3/4)、郑麦 9023(3/3)、藁优 9415(2/2)、济麦 20(2/2)、济麦 4 号(1/1)、开麦 18(1/3)、洛旱 6 号(1/2)、平安 6 号 (1/1)、偃展 4110(1/4)、众麦 1 号(1/1)、周麦 16 (1/37)	新乡(43) 鹤壁(19) 安阳(17)

注：表中 6/17，其中 17 表示总样本数，6 表示稳定时间≥7.0min 的样本数，其余类推

2008～2010年采集到的243份农户大田小麦样品，有96.7%的样品容重≥770g/L，符合国家小麦2级标准GB/T 1351—2008；41.6%的小麦样品蛋白质含量≥14.0%，19.8%的小麦样品湿面筋含量≥32%，33.3%的小麦样品面团稳定时间≥7.0min。参照国家优质强筋小麦标准GB/T 17892—1999，以容重、蛋白质含量、湿面筋含量和面团稳定时间4项指标同时达到标准要求为评价依据，2008～2010年达到国家优质强筋小麦2级标准的小麦样品比例不足5.0%。其中，2008年达到国家优质强筋小麦标准的样品比例为11.1%，2009年这一比例仅为2.5%，而2010年完全没有达到国家优质强筋小麦标准的样品。从小麦品质性状的表现来看，湿面筋含量较低，或面团稳定时间较短，是导致该区优质强筋小麦比例较低的主要原因(表4.8)。

从主栽小麦品种品质类型来看，豫北地区生产上种植的小麦品种以中筋及中筋偏弱类型为主，优质强筋类型小麦品种的种植比例较低，小麦品种的结构性矛盾突出。近年来通过审定的优质强筋类型小麦品种，如'郑麦9023'、'郑麦366'、'新麦19'、'新麦18'、'藁优9415'等，种植比例并不高。农户走访调查分析认为，优质不优价、品种抗逆性较差、大田管理复杂、产量相对较低等是导致优质类型小麦

表4.8 豫北地区大田主栽小麦品种(品系)质量分类

品质性状	年份	项目	地区			
			新乡	鹤壁	安阳	豫北
容重(≥770g/L)	2008(n=27)	样本数量	27	27	27	81
		比例/%	100	100	100	100
	2009(n=27)	样本数量	24	27	27	78
		比例/%	88.9	100	100	96.3
	2010(n=27)	样本数量	26	27	23	76
		比例/%	96.3	100	85.2	93.8
	2008～2010(n=81)	样本数量	77	81	77	235
		比例/%	95.1	100	95.1	96.7
蛋白质含量(≥14.0%)	2008(n=27)	样本数量	13	14	17	44
		比例/%	48.1	51.9	63.0	54.3
	2009(n=27)	样本数量	13	2	3	18
		比例/%	48.1	7.4	11.1	22.2
	2010(n=27)	样本数量	18	12	9	39
		比例/%	66.7	44.4	33.3	48.1
	2008～2010(n=81)	样本数量	44	28	29	101
		比例/%	54.3	34.6	35.8	41.6

续表

品质性状	年份	项目	地区			
			新乡	鹤壁	安阳	豫北
湿面筋含量（≥32%）	2008（n=27）	样本数量	8	14	16	38
		比例/%	29.6	51.9	59.3	46.9
	2009（n=27）	样本数量	5	2	1	8
		比例/%	18.5	7.4	3.7	9.9
	2010（n=27）	样本数量	2	0	0	2
		比例/%	7.4	0	0	2.5
	2008～2010（n=81）	样本数量	15	16	17	48
		比例/%	18.5	19.8	21.0	19.8
稳定时间（≥7.0min）	2008（n=27）	样本数量	15	6	4	25
		比例/%	55.6	22.2	14.8	30.9
	2009（n=27）	样本数量	15	8	5	28
		比例/%	55.6	29.6	18.5	34.6
	2010（n=27）	样本数量	13	9	6	28
		比例/%	48.1	33.3	22.2	34.6
	2008～2010（n=81）	样本数量	43	23	15	81
		比例/%	53.1	28.4	18.5	33.3
容重	2008（n=27）	样本数量	6	1	2	9
（≥770g/L）		比例/%	22.2	3.7	7.4	11.1
蛋白质含量	2009（n=27）	样本数量	2	0	0	2
（≥14.0%）		比例/%	7.4	0	0	2.5
湿面筋含量	2010（n=27）	样本数量	0	0	0	0
（≥32%）		比例/%	0	0	0	0
稳定时间	2008～2010（n=81）	样本数量	8	1	2	11
（≥7.0min）		比例/%	9.9	1.2	2.5	4.5

注：参照 GB/T 17892—1999

品种难以大面积推广的主要原因。大田调查表明，稳产、高产、管理简单、抗倒伏能力强、便于机械收获的小麦品种，如‘矮抗 58’、‘周麦 16’颇受农民的欢迎，这应该引起育种工作者的高度重视。

4.1.4　讨论

豫北地区作为黄淮冬麦区重要的小麦产区，在优质小麦生产方面具有明显的优势。调查结果表明，豫北地区大田生产的小麦具有容重较高(807g/L)、籽粒硬度较大(57%)、蛋白质含量较高(13.8%)、面团稳定时间较长(8.6min)、面筋筋力较强等特点，是生产强筋小麦的优势地区。但在农户大田小麦生产调查过程中也发现，生产上种植的小麦品种数量比较多，2008～2010 年连续 3 年共调查到 46 个小麦品种。其中，2008 年大田主栽品种有 32 个，2009 年和 2010 年分别有 25 个、20 个。大田种植的小麦品种数量逐年减少，品种集中的趋势比较明显。与 2008、2009 年相比，2010 年样品数量居前 5 位的小麦品种的样品数量占全部样品数量的比例分别增加了 27.1%、14.8%，主栽品种样品的比例增幅较大。主栽品种'矮抗58'种植比例明显上升，'周麦 16'和'西农 979'的种植比例基本稳定。与 2008、2009 年相比，2010 年'矮抗 58'的样品比例分别增加了 4.9%、23.4%。但总体来看，生产上种植的小麦品种数量还比较多，品种多、乱、杂，品种品质参差不齐的现象还比较普遍。这一现象对小麦整体质量水平的提高十分不利，应该引起足够重视。

多年、多点农户大田小麦品种样品质量调查的平均结果显示，生产上的小麦千粒重平均为(43.05±4.57)g，容重平均为(807±19.44)g/L，达到国家小麦 1 级标准；籽粒硬度平均为(57±8.02)%，蛋白质含量平均为(13.76±1.01)%，沉淀值平均为(26.4±6.36)ml，湿面筋含量平均为(28.4±3.30)%，面团稳定时间平均为(8.6±11.33)min。其中，96.7%的大田小麦的容重≥770g/L，41.6%的大田小麦的蛋白质含量≥14.0%，19.8%的大田小麦的湿面筋含量≥32%，33.3%的大田小麦的面团稳定时间≥7.0min。在所有测定的品质亚性状中，面团流变学特性参数的变异系数较高，面团稳定时间的变异系数最高(131.87%)。与全国小麦质量水平相比，豫北地区小麦籽粒的容重较高，蛋白质含量、沉淀值和湿面筋含量的差异不大，但面团稳定时间明显高于全国小麦的平均水平。稳定时间的平均值达到 8.6min，约提高了 3min。这一结果表明，该区域大田生产的小麦面筋质量明显高于全国小麦的平均水平，能够满足优质面包、面条等食品对小麦籽粒质量的要求，优质强筋小麦生产优势比较明显。

大田优质小麦生产调查结果表明，生产上优质小麦产品的数量不断提高，比例不断增大。仅以稳定时间≥7.0min 为评价依据，2008～2010 年有 33%大田小麦样品质量达到国家优质强筋小麦 2 级标准要求。其中，2008 年有 30%的大田小麦样品质量达到国家优质强筋小麦 2 级标准要求；2009 年和 2010 年这一比例分别为 33%、34%。这表明生产上优质小麦的种植面积有所扩大，小麦质量水平有所提高。但是，同时以容重(≥770g/L)、蛋白质含量(≥14.0%)、湿面筋含量(≥32%)和稳定时间(≥7.0min)4 项指标为评价标准，完全符合国家优质强筋小麦标准的产品数量较少(仅占 4.5%)，完全符合国家优质弱筋小麦标准的产品比例为 0。总体来看，湿面筋含量较低，面团稳定时间较短和品质性状的均衡性较差，是导致优质强筋小麦产品数量较少的主要原因。因此，提高小麦湿面筋含量，增强面筋筋力，改善面团的加工特性仍将是当前小麦品质改良的重点任务。优质强筋小麦应该在保证蛋白质含量不降低的基础上，重点提高湿面筋含量，增强面筋筋力，重视并改善小麦质量各亚性状间的均衡性。

从农户大田小麦品种构成、品质类型及优质小麦生产现状的调查分析结果来看，2008 年优质品种数量占全部品种数量的 31%，仅以稳定时间≥7min 为评价依据，符合优质强筋小麦标准的小麦样品占全部样品的 30%；2009 年优质品种数量占全部品种数量的 36%，符合国家优质强筋小麦标准的小麦样品占全部样品的 33%；2010 年优质品种数量占全部品种数量的 50%，符合国家优质强筋小麦标准的小麦样品占全部样品的 34%。这一结果表明，品种集中程度和优质小麦品种种植比例的提高，能够在一定程度上提高小麦产品的整体质量水平。因此，要提高小麦籽粒的质量水平，选育和推广优质小麦品种是关键。

从连续 3 年生产上优质小麦品种占全部品种数量的比例和达到国家优质强筋小麦标准的产品比例的变化来看，前者增加的幅度远远大于后者。2009 年生产上种植的优质小麦品种数量占全部小麦品种数量的比例较 2008 年提高了 5 个百分点，达到优质强筋小麦标准的小麦产品的比例提高了 3 个百分点；而 2010 年生产上种植的优质小麦品种数量占全部小麦品种数量的比例较 2009 年提高了 14 个百分点，但达到优质强筋小麦标准的小麦产品的比例仅提高了 1 个百分点。结合表 4.7 和表 4.8 的分析结果可以看出，导致产生这一结果的主要原因是以下两点。

1. 生产上主栽品种数量减少

2008 年小麦品种总数为 32 个，达到优质强筋标准的小麦品种数量为 10 个；2009 年小麦品种总数为 25 个，达到优质强筋标准的小麦品种数量为 9 个；2010 年小麦品种总数为 20 个，达到优质强筋标准的小麦品种数量为 10 个。由此可以看出，生产上品种数量明显减少是引起优质小麦品种数量占全部小麦品种数量的比例增幅较大的主要原因。

2. 主栽品种‘矮抗 58’样品数量及其产品质量的变化

从连续 3 年各品种数量的变化来看，‘矮抗 58’的变化最大，是引起小麦品种构成发生变化的主要原因。‘矮抗 58’的样品数量及其达到优质强筋小麦标准的样品数量变化对该区域优质强筋小麦产品的比例影响较大。2008 年、2009 年、2010 年‘矮抗 58’的样品数量分别为 17 份、21 份、36 份，占当年样品总量的比例分别为 21.0%、25.9%、44.4%。2008 年、2009 年、2010 年达到优质强筋小麦标准的‘矮抗 58’样品数量分别为 6 份、8 份、13 份，占当年样品总量的比例分别为 7.4%、9.9%、16.0%。这一结果表明，‘矮抗 58’样品数量占总样品数量的比例增幅明显高于达到优质强筋小麦标准的'矮抗 58'样品数量占总样品数量的增幅,这是引起生产上达到优质强筋小麦标准的小麦产品比例增幅较低的原因。

4.1.5 小结

① 豫北大田小麦的千粒重平均为(43.05±4.57)g,容重平均为(807±19.44)g/L,籽粒硬度平均为(57±8.02)%,蛋白质含量平均为(13.76±1.01)%,湿面筋含量平均为(28.4±3.30)%,面团稳定时间平均为(8.6±11.33)min。总体来看,大田小麦千粒重、容重较高,籽粒硬度较高,蛋白质含量较高,能够满足优质面包、面条等食品对小麦籽粒品质的要求。豫北地区是主要的硬质、高蛋白质、中强筋小麦产区,适宜于发展优质强筋小麦生产。

② 生产上种植的小麦品种数量比较多,品种品质参差不齐的现象比较普遍,对小麦整体质量水平的提高十分不利。品种集中程度和优质小麦品种种植比例有所提高,在一定程度上提高了小麦产品的整体质量水平。因此,要提高小麦的质量水平,选育和推广优质小麦品种是关键。

③ 大田优质小麦生产调查结果表明,96.7%的样品容重≥770g/L,达到商品小麦 2 级标准。从面团的粉质参数来看,面团稳定时间平均为 8.6min,仅以面团稳定时间≥7.0min 作为评价标准,33.3%的大田小麦样品达到优质强筋小麦 2 级标准,能够满足优质面包、面条等食品对小麦籽粒品质的要求,具有生产优质强筋专用面粉的潜在优势,适宜于发展优质强筋小麦生产。其中,'西农 979'、'新麦 18'、'郑麦 366'、'郑麦 9023'、'济麦 20'等小麦品种的面团稳定时间平均值均在 10min 以上,达到国家优质强筋小麦 1 级标准。这些品种可以作为加工高强筋粉的小麦原料或者配料,用于生产面包、面条等面制食品的专用粉。

④ 仅以稳定时间≥7.0min 为评价依据,33.3%的大田小麦达到国家优质强筋小麦 2 级标准。若同时以容重(≥770g/L)、蛋白质含量(≥14.0%)、湿面筋含量(≥32%)和稳定时间(≥7.0min)4 项指标为评价依据,仅有 4.5%的大田小麦达到国家优质强筋小麦 2 级标准。大田小麦湿面筋含量较低,面团稳定时间较短或品质性状的均衡性较差,是导致优质强筋小麦产品数量较少的主要原因。因此,优质强筋小麦生产应在保证蛋白质含量不降低的基础上,重点提高湿面筋含量,增强面筋筋力,重视并改善小麦品质各亚性状间的均衡性。

4.2 仓储小麦籽粒质量调查与分析

4.2.1 引言

小麦是中国重要的商品粮和主要的战略性粮食储备品种(赵俊晔等,2006),在北方尤其如此。仓储小麦是大型粮食加工企业原粮的主要来源，仓储小麦的质量直接影响粮食加工企业的产品质量，并间接影响食品加工企业的产品质量(李昌文等，2004)。调查分析仓储小麦籽粒质量现状，了解小麦商品粮的质量水平，为小麦生产、收储和粮食加工及相关食品加工企业提供小麦商品粮的质量信息，为优质小麦生产基地建设及区划提供参考依据。

原商业部谷物油脂化学研究所和北京市粮食科学研究所于1982年对全国902份有代表性的商品小麦样品质量调查结果显示，千粒重平均为35.6g，容重平均为775g/L，蛋白质含量平均为13.0%，湿面筋含量平均为24.1%，面团稳定时间平均为2.3min。欧阳韶晖等(1998)对陕西省关中东部9个粮站1995年和1996年入库的仓储小麦质量调查结果表明，该地区仓储小麦容重平均为746g/L，蛋白质含量平均为13.5%，湿面筋含量平均为29%。其中，蛋白质含量和湿面筋含量均高于当时的全国平均水平。李昌文等(2004)对2002年陕西省关中西部11个粮库的仓储小麦质量进行调查，结果显示，陕西省关中西部地区仓储小麦的容重平均为775g/L，蛋白质含量平均为14.7%，湿面筋含量平均为34%，面团稳定时间平均为2.8min。魏益民等(2009a)对2000～2002年陕西省岐山县优质小麦示范区11～12个粮食储备库小麦质量的抽检结果显示，仓储小麦的容重3年多点平均值均大于770g/L；蛋白质含量3年多点平均值分别为13.9%、14.2%、14.7%，3年累计提高了0.8%；湿面筋含量3年多点平均值分别为35.5%、41.1%、34.4%；面团稳定时间3年多点平均值分别为2.6min、3.4min、2.8min。班进福等(2010)对2009年河北省中部地区27个粮库小麦质量进行调查的结果显示，该地区仓储小麦容重平均为809g/L，蛋白质含量平均为13.5%，湿面筋含量平均为30.0%，面团稳定时间平均为3.0min。研究结果表明，不同地区之间仓储小麦质量存在一定的差异，且仓储小麦的面团稳定时间均较短。与大田小麦品种籽粒质量相比，仓储小麦籽粒质量较低(孙辉等，2010；魏益民等，2009b)。

豫北是河南省小麦生产的主产区，也是中国主要的商品粮供应基地之一。目前，尚缺乏对该区域仓储小麦质量调查研究的相关资料。因此，本章以2008～2010年在河南省新乡、鹤壁和安阳3个地区27个粮食收储库(站)或粮食收购大户(经纪人)抽取的79份仓储小麦样品为材料，分析仓储小麦样品的品质性状，调查商品小麦的籽粒质量，对比分析仓储小麦和农户大田小麦的籽粒质量差异，了解黄淮冬麦区核心区域仓储小麦的质量水平，评估商品小麦的加工利用价值，讨论仓储小麦与农户大田小麦籽粒质量差异的原因。

4.2.2　材料与方法

1. 供试材料

根据《现代农业产业技术体系小麦质量调查指南(2008)》，在豫北小麦主产区新乡、鹤壁、安阳3个地区9个县(区)27个乡(镇)确定采样的粮食收储库(站)或粮食收购大户(经纪人),采样乡(镇)与农户大田小麦采样点保持一致(采样点分布参见图4.1)。2008年、2009年、2010年7～8月,在确定的采样点随机抽取仓储小麦样品。其中,2008年在新乡、鹤壁和安阳3个地区各抽取仓储小麦样品9份,共计27份;2009年与2008年抽样结果一致。2010年新乡地区抽取仓储小麦样品7份,鹤壁和安阳两地区各抽取仓储小麦样品9份,共计25份。3年共抽取79份仓储小麦样品。仓储小麦采样方法按GB 5491—1985进行。仓储小麦样品抽样后进行晾晒、筛理除杂、熏蒸杀虫;后熟2个月后,进行籽粒品质检测。

2. 籽粒质量分析方法

参照本章4.1中的"2. 籽粒质量分析方法"。分析的质量性状包括千粒重、容重、籽粒硬度、籽粒颜色、出粉率、面粉灰分含量、面粉色泽、蛋白质含量、沉淀值、湿面筋含量、面筋指数、降落数值及面团流变学特性(粉质参数和拉伸参数)。

3. 数据处理

采用SAS V8统计分析软件中的Summary Statistics程序进行基本统计量(样本均值、标准差和变异系数)分析;采用ANOVA程序进行方差分析,Duncan multiple comparison法进行多重比较,检验水平为$P<0.05$。采用Excel2007处理数据和表格。

4.2.3 结果与分析

1. 仓储小麦样品质量性状

1) 籽粒性状

79份仓储小麦样品的千粒重平均为(42.56±4.12)g,容重平均为(805±17.79)g/L,籽粒硬度平均为(56±5.55)%,籽粒颜色的亮度L^*值平均为53.48±1.75,红度a^*值平均为5.35±0.27,黄度b^*值平均为22.51±1.16(表4.9)。97.5%样品的容重在770g/L以上,达到国家小麦2级标准;83.5%的容重在790g/L以上,达到国家小麦1级标准。从年份间仓储小麦样品籽粒品质性状的变化来看,千粒重和籽粒硬度存在显著差异,容重无显著差异。年份间籽粒颜色的亮度L^*值差异不显著,籽粒颜色的红度a^*值、黄度b^*值存在显著差异。

2) 磨粉性状和降落数值

79份仓储小麦样品的出粉率平均为(57.1±7.68)%,灰分含量平均为(0.47±0.12)%,面粉色泽的亮度L^*值平均为93.32±0.39,红度a^*值平均为−1.68±0.29,黄度b^*值平均为9.44±1.22(表4.10)。方差分析结果表明,年份间仓储小麦磨粉性状均存在显著差异。2008 年豫北地区小麦样品的出粉率显著高于 2010 年和 2009 年，2009 年豫北地区小麦样品的面粉灰分含量显著高于 2010 年和 2008 年。从年份间仓储小麦的面粉色泽变化来看，2010 年面粉的亮度 L^* 值显著增加，而面粉的红度 a^* 值显著降低，面粉的黄度 b^* 值在不同年份之间无显著差异。总体来看，2010 年仓储小麦的面粉色泽有所增白。

表 4.9　籽粒性状

年份	参数	千粒重/g	容重/(g/L)	硬度/%	籽粒 L^* 值	籽粒 a^* 值	籽粒 b^* 值
2008 (n=27)	平均值	43.63±4.06a	809±11.76a	56±4.76ab	53.47±1.59a	5.34±0.30ab	23.00±1.17a
	变异系数/%	9.31	1.45	8.56	2.97	5.56	5.09
2009 (n=27)	平均值	40.13±2.52b	801±23.57a	54±5.89b	53.82±1.97a	5.45±0.24a	22.50±0.99ab
	变异系数/%	6.29	2.95	10.92	3.67	4.46	4.40
2010 (n=25)	平均值	44.05±4.47a	806±15.42a	58±5.45a	53.13±1.66a	5.24±0.23b	21.99±1.14b
	变异系数/%	10.14	1.91	9.42	3.13	4.34	5.20
2008～2010 (n=79)	平均值	42.56±4.12	805±17.79	56±5.55	53.48±1.75	5.35±0.27	22.51±1.16
	变异系数/%	9.67	2.21	9.96	3.28	5.04	5.17

注：数据后的不同字母表示年份间差异显著，显著水平 $P<0.05$，下同

表 4.10　磨粉性状和降落数值

年份	参数	出粉率/%	灰分含量/%	面粉 L^* 值	面粉 a^* 值	面粉 b^* 值	降落数值/s
2008 (n=27)	平均值	65.8±2.80a	0.36±0.03c	93.01±0.34c	−1.63±0.27a	9.63±1.19a	425±30.26b
	变异系数/%	9.61	8.67	0.36	16.65	12.38	7.12
2009 (n=27)	平均值	50.4±4.30c	0.62±0.02a	93.33±0.24b	−1.55±0.29a	9.47±1.32a	477±45.24a
	变异系数/%	8.54	3.72	0.26	18.58	13.89	9.48
2010 (n=25)	平均值	55.9±3.33b	0.42±0.01b	93.65±0.31a	−1.86±0.22b	9.20±1.33a	480±50.56a
	变异系数/%	5.95	2.73	0.33	11.90	12.32	10.52
2008～2010 (n=79)	平均值	57.1±7.68	0.47±0.12	93.32±0.39	−1.68±0.29	9.44±1.22	460±49.34
	变异系数/%	13.46	24.91	0.42	17.31	12.88	10.72

仓储小麦样品的降落数值较高，平均为(460±49.34)s，所抽取的 79 份仓储小麦样品的降落数值均在 300s 以上。方差分析结果表明，年份间降落数值存在显著

差异，2008 年小麦样品的降落数值显著低于 2009 年和 2010 年，这表明 2008 年仓储小麦样品的 α-淀粉酶活性较高。

3) 蛋白质性状

79 份仓储小麦样品的蛋白质含量平均为(13.60±0.71)%，沉淀值平均为(25±3.27) ml，湿面筋含量平均为(28±2.49)%，面筋指数平均为(70±17.58)%。其中，沉淀值、面筋指数的变异系数较高，分别为 13.16%、25.08%(表 4.11)。所抽取的 79 份仓储小麦样品，有 32.9%的蛋白质含量在 14.0%以上，有 3.8%的湿面筋含量在 32%以上。方差分析结果表明，年份间仓储小麦蛋白质性状均存在显著差异。2009 年蛋白质含量、沉淀值显著低于 2008 年和 2010 年，而 2008 年与 2010 年之间仓储小麦的蛋白质含量、沉淀值均无显著差异。不同年份之间的湿面筋含量和面筋指数存在显著差异；2008 年小麦样品的湿面筋含量最高，2010 年最低；2010 年仓储小麦样品的面筋指数显著高于 2008 年和 2009 年。总体来看，2010 年仓储小麦蛋白质的质量优于 2008 年和 2009 年。

表 4.11 蛋白质性状

年份	参数	蛋白质含量/%	沉淀值/ml	湿面筋含量/%	面筋指数/%
2008 (n=27)	平均值	13.91±0.40a	25±2.31a	30±1.64a	59±10.88b
	变异系数/%	2.89	9.17	5.50	18.52
2009 (n=27)	平均值	12.98±0.71b	23±3.47b	28±1.73b	63±14.06b
	变异系数/%	5.44	14.89	6.29	22.29
2010 (n=25)	平均值	13.94±0.49a	26±3.40a	25±1.57c	90±7.41a
	变异系数/%	3.51	13.04	6.24	8.25
2008～2010 (n=79)	平均值	13.60±0.71	25±3.27	28±2.49	70±17.58
	变异系数/%	5.18	13.16	9.04	25.08

4) 面团流变学特性

(1) 粉质参数

79 份仓储小麦样品的面粉吸水率平均为(56.6±1.57)%，形成时间平均为(3.7±3.09) min，稳定时间平均为(5.3±6.10) min，弱化度平均为(67±27.55)BU，粉质质量指数平均为(65±61.35)mm，粉质参数的变异系数较高，说明不同样品的粉质参数变化较大(表 4.12)。所抽取的 79 份仓储小麦样品中，有 10.1%的稳定时间在 7.0min 以上。从仓储小麦样品的面团粉质参数表现来看，面团的形成时间、稳定时间、粉质质量指数表现为 2010 年>2009 年>2008 年；弱化度表现为 2008 年＞2009 年＞2010 年；说明 2010 年仓储小麦的面团加工品质较好。

表 4.12　粉质参数

年份	参数	吸水率/%	形成时间/min	稳定时间/min	弱化度/BU	粉质质量指数/mm
2008 (n=27)	平均值	57.4±1.35a	3.5±0.68a	4.3±1.46a	71±21.15a	54±4.92a
	变异系数/%	2.36	19.45	34.19	29.79	9.13
2009 (n=27)	平均值	57.0±1.43a	3.6±3.82a	5.3±7.56a	65±23.80a	66±76.26a
	变异系数/%	2.51	104.97	143.76	36.70	116.26
2010 (n=25)	平均值	55.3±1.07b	3.9±3.82a	6.5±7.36a	64±36.57a	76±75.08a
	变异系数/%	1.94	98.67	113.19	56.79	98.47
2008～2010 (n=79)	平均值	56.6±1.57	3.7±3.09	5.3±6.10	67±27.55	65±61.35
	变异系数/%	2.77	84.11	114.93	41.23	94.42

(2) 拉伸参数

以 135min 面团的拉伸参数进行统计分析，79 份仓储小麦样品的拉伸长度平均为(150±14.40)mm，拉伸阻力平均为(197±53.77)BU，最大拉伸阻力平均为(238±75.83)BU，拉伸面积平均为(57.7±23.98)cm^2。拉伸参数的变异系数较高，说明不同样品间拉伸参数变化较大(表 4.13)。从仓储小麦样品的面团拉伸参数年份间的变化来看，2008 年小麦样品的拉伸参数显著高于 2010 年和 2009 年，这表明 2008 年小麦样品的面团延伸性较好，面团的抗延阻力较大。

表 4.13　拉伸参数

年份	参数	拉伸长度/mm	拉伸阻力/BU	最大拉伸阻力/BU	拉伸面积/cm^2
2008 (n=27)	平均值	159±1.39a	236±47.72a	292±64.36a	84.4±16.38a
	变异系数/%	8.75	20.20	22.06	19.42
2009 (n=27)	平均值	148±11.00b	161±37.11c	191±55.17c	40.9±12.03b
	变异系数/%	7.43	23.02	28.96	29.40
2010 (n=25)	平均值	143±13.27b	195±47.51b	230±71.17b	47.0±13.65b
	变异系数/%	9.31	24.43	30.89	29.04
2008～2010 (n=79)	平均值	150±14.40	197±53.77	238±75.83	57.7±23.98
	变异系数/%	9.60	27.24	31.90	41.57

2010 年仓储小麦的千粒重、容重、籽粒硬度均高于 2008 年和 2009 年。年份间小麦的蛋白质品质存在显著差异，与 2008 年和 2009 年相比，2010 年小麦样品的蛋白质含量、沉淀值、面筋指数较高，但湿面筋含量较低。从面团流变学特性来看，除面粉吸水率外，年份间仓储小麦的其余粉质参数无显著差异。仓储小麦面团拉伸参数中拉伸阻力、最大拉伸阻力在年份间均存在显著差异。2008 年仓储小麦拉伸参数中的拉伸长度、拉伸面积均显著高于 2009 年和 2010 年。

总体来看，2008～2010 年采集到的 79 份仓储小麦样品，有 97.5%的样品容重大于 770g/L，符合国家小麦 2 级标准 GB/T 1351—2008；32.9%的仓储小麦样品蛋白质含量≥14.0%，3.8%的仓储小麦样品湿面筋含量≥32%。仅以面团稳定时间≥7.0min 为评价依据，有 10.1%的仓储小麦样品达到国家优质强筋小麦 2 级标准 GB/T 17892－1999。若同时以容重≥770g/L、蛋白质含量≥14.0%、湿面筋含量≥32%和面团稳定时间≥7.0min 4 项指标达到标准要求为评价依据，该区域没有符合国家优质强筋小麦 2 级标准的仓储小麦样品。从小麦品质亚性状的表现来看，湿面筋含量低，面团稳定时间较短，品质亚性状间的均衡性较差，是该区仓储小麦达不到国家优质强筋小麦标准的主要原因。

2. 仓储小麦与农户大田小麦籽粒质量性状对比分析

1）籽粒性状

表 4.14 分析结果显示，除 2009 年仓储小麦籽粒硬度显著低于大田小麦外，各年份仓储小麦籽粒的其他品质性状和大田小麦相比均无显著差异。仓储小麦和大田小麦的容重均较高，平均值均大于 800g/L，商品性好。从总体上来看，仓储小麦样品的籽粒品质性状和农户大田小麦样品无显著差异。

2）磨粉性状和降落数值

表 4.15 分析结果显示，2008 年和 2010 年仓储小麦的面粉灰分含量均显著高于大田小麦，而出粉率、面粉色泽的 L^* 值、a^* 值、b^* 值和降落数值等品质性状均无显著差异。从总体上来看，仓储小麦和大田小麦之间的磨粉品质性状、降落数值均无显著差异。

3）蛋白质性状

表 4.16 分析结果显示，2008 年仓储小麦样品的湿面筋含量显著低于大田小麦样品，2009 年仓储小麦样品的面筋指数显著低于大田小麦样品。年份间仓储小麦样品和大田小麦样品的蛋白质含量均无显著差异。从总体上来看，仓储小麦样品的沉淀值和湿面筋含量显著低于农户大田小麦样品。

表 4.14 仓储和农户大田小麦的籽粒性状

年份	样品来源	千粒重/g	容重/(g/L)	硬度/%	籽粒 L^* 值	籽粒 a^* 值	籽粒 b^* 值
2008	大田(n=81)	43.80±4.29a	808±15.61a	56±8.50a	53.74±2.11a	5.40±0.34a	23.13±1.43a
	仓储(n=27)	43.63±4.06a	809±11.76a	56±4.76a	53.47±1.59a	5.34±0.30a	23.00±1.17a
2009	大田(n=81)	41.03±4.03a	802±19.30a	59±6.30a	53.46±1.72a	5.36±0.26a	22.00±1.22a
	仓储(n=27)	40.13±2.52a	801±23.57a	54±5.89b	53.82±1.97a	5.45±0.24a	22.50±0.99a
2010	大田(n=81)	44.32±4.72a	812±21.72a	57±8.90a	52.54±1.70a	5.21±0.26a	21.96±1.28a
	仓储(n=25)	44.05±4.47a	806±15.42a	58±5.45a	53.13±1.66a	5.24±0.23a	21.99±1.14a
2008～2010	大田(n=243)	43.05±4.57a	807±19.44a	57±8.02a	53.25±1.92a	5.32±0.30a	22.36±1.42a
	仓储(n=79)	42.56±4.12a	805±17.79a	56±5.55a	53.48±1.75a	5.35±0.27a	22.51±1.16a

表 4.15 仓储与农户大田小麦的磨粉性状和降落数值

年份	样品来源	出粉率/%	面粉灰分含量/%	面粉 L^* 值	面粉 a^* 值	面粉 b^* 值	降落数值/s
2008	大田(n=81)	63.5±4.99a	0.33±0.03b	93.21±0.57a	−1.60±0.40a	9.40±1.86a	426±37.41a
	仓储(n=27)	65.8±2.80a	0.36±0.03a	93.01±0.34a	−1.63±0.27a	9.63±1.19a	425±30.26a
2009	大田(n=81)	51.5±5.15a	0.62±0.03a	93.54±1.17a	−1.54±0.40a	9.57±1.73a	472±57.91a
	仓储(n=27)	50.4±4.30a	0.62±0.02a	93.33±0.24a	−1.55±0.29a	9.47±1.32a	477±45.24a
2010	大田(n=81)	55.9±3.91a	0.41±0.01b	93.76±0.48a	−1.88±0.31a	9.32±1.49a	487±76.12a
	仓储(n=25)	55.9±3.33a	0.42±0.01a	93.65±0.31a	−1.86±0.22a	9.20±1.33a	480±50.56a
2008～2010	大田(n=243)	56.9±6.83a	0.46±0.12a	93.50±0.83a	−1.67±0.40a	9.43±1.70a	462±64.49a
	仓储(n=79)	57.1±7.68a	0.47±0.12a	93.32±0.39a	−1.68±0.29a	9.44±1.22a	460±49.34a

表 4.16　仓储与农户大田小麦的蛋白质性状

年份	样品来源	蛋白质含量/%	沉淀值/ml	湿面筋含量/%	面筋指数/%
2008	大田(n=81)	14.05±1.01a	25.1±6.01a	31.1±2.93a	62±17.00a
	仓储(n=27)	13.91±0.40a	25.0±2.31a	30.0±1.64b	59±10.88a
2009	大田(n=81)	13.25±1.01a	26.2±7.02a	28.2±2.22a	71±19.23a
	仓储(n=27)	12.98±0.71a	23.0±3.47a	28±1.73a	63±14.06b
2010	大田(n=81)	13.99±0.78a	28.1±5.64a	26.0±2.49a	87±10.19a
	仓储(n=25)	13.94±0.49a	26.0±3.40a	25±1.57a	90±7.41a
2008～2010	大田(n=243)	13.76±1.01a	26.4±6.36a	28.4±3.30a	74±18.96a
	仓储(n=79)	13.60±0.71a	24.8±3.27b	27.6±2.49b	70±17.58a

4）面团流变学特性

（1）粉质参数

表 4.17 分析结果显示，2009 年仓储小麦样品的面粉吸水率显著低于大田小麦样品；2010 年仓储小麦样品的面团弱化度显著高于大田小麦样品。从总体上来看，仓储小麦样品的面粉吸水率和面团稳定时间显著低于大田小麦样品，而面团形成时间、弱化度和粉质质量指数无显著差异。

表 4.17　仓储与农户大田小麦的粉质参数

年份	样品来源	吸水率/%	形成时间/min	稳定时间/min	弱化度/BU	粉质质量指数/mm
2008	大田(n=81)	57.8±1.89a	3.7±1.62a	7.5±10.68a	69±33.82a	55±9.46a
	仓储(n=27)	57.4±1.35a	3.5±0.68a	4.3±1.46a	71±21.15a	54±4.92a
2009	大田(n=81)	58.3±2.05a	5.1±5.50a	8.7±11.48a	61±40.11a	100±114.69a
	仓储(n=27)	57.0±1.43b	3.6±3.82a	5.3±7.56a	65±23.8a	66±76.26a
2010	大田(n=81)	55.8±2.18a	4.6±5.20a	9.5±11.84a	55±36.35b	104±121.38a
	仓储(n=25)	55.3±1.07a	3.9±3.82a	6.5±7.36a	64±36.57a	76±75.08a
2008～2010	大田(n=243)	57.3±2.31a	4.4±4.49a	8.6±11.33a	62±37.15a	86±98.70a
	仓储(n=79)	56.6±1.57b	3.7±3.09a	5.3±6.10b	67±27.55a	65±61.35a

（2）拉伸参数

表 4.18 结果显示，2008 年和 2009 年仓储小麦样品的面团拉伸阻力和最大拉伸阻力均显著低于大田小麦样品，并且 2009 年仓储小麦样品的面团拉伸面积显著低于大田小麦样品。2010 年仓储小麦样品和大田小麦样品的面团拉伸参数均无显著差异。总体来看，仓储小麦样品的面团拉伸阻力和最大拉伸阻力显著低于农户大田小麦样品。

表 4.18　仓储与农户大田小麦的拉伸参数

年份	样品来源	拉伸长度/mm	拉伸阻力/BU	最大拉伸阻力/BU	拉伸面积/cm^2
2008	大田(n=81)	156±17.47a	291±101.11a	383±189.66a	76.4±30.34a
	仓储(n=27)	159±1.39a	236±47.72b	292±64.36b	84.4±16.38a
2009	大田(n=81)	151±16.57a	203±81.34a	264±141.27a	57.3±31.11a
	仓储(n=27)	148±11.00a	161±37.11b	191±55.17b	40.9±12.03b
2010	大田(n=81)	139±15.72a	203±74.01a	253±118.88a	49.8±22.87a
	仓储(n=25)	143±13.27a	195±47.51a	230±71.17a	47.0±13.65a
2008～2010	大田(n=243)	149±17.92a	232±95.46a	300±163.18a	61.2±30.38a
	仓储(n=79)	150±14.40a	197±53.77b	238±75.83b	57.7±23.98a

综上所述，仓储小麦样品和大田小麦样品的千粒重、容重和籽粒硬度均较高，二者的籽粒品质性状无显著差异。其中，仓储小麦样品和大田小麦样品的容重平均值均在 800g/L 以上。从反映蛋白质含量和质量的品质亚性状来看，仓储小麦样品和大田小麦样品的蛋白质含量无显著差异，但反映蛋白质质量的品质亚性状，如沉淀值、湿面筋含量、面团稳定时间、拉伸阻力和最大拉伸阻力均存在显著差异。与大田小麦样品品质性状相比，仓储小麦样品的沉淀值、湿面筋含量、面团稳定时间、拉伸阻力和最大拉伸阻力分别低 1.6ml、0.8%、3.3min、35BU、62BU，这表明仓储小麦样品的蛋白质品质和面团流变学特性较农户大田小麦样品有所降低。

4.2.4　讨论

豫北地区多年多点仓储小麦质量调查结果表明，容重平均为(805±17.79)g/L，蛋白质含量平均为(13.60±0.71)%，沉淀值平均为(25±3.27)ml，湿面筋含量平均为(28±2.49)%，面团稳定时间平均为(5.3±6.10)min。与农户大田小麦的籽粒质量相比，容重、蛋白质含量变化不大，但沉淀值、湿面筋含量、面团稳定时间等品质性状差异显著。仓储小麦较大田小麦的沉淀值、湿面筋含量和面团稳定时间分别低 1.6ml、0.8%、3.3min。79 份仓储小麦样品中，蛋白质含量≥14.0%、湿面筋含量≥32%、面团稳定时间≥7.0min 的样品比例分别为 32.9%、3.8%、10.1%，与农户大田小麦相比，分别低 8.7%、16.0%、23.2%。仅以稳定时间为评价依据，有 10.1%的仓储小麦样品达到国家优质强筋小麦 2 级标准，而达到国家优质强筋小麦 2 级标准的大田小麦样品比例为 33.3%。

从仓储小麦与农户大田小麦质量对比分析的结果可以看出，仓储小麦质量明显低于大田小麦，这可能与当前中国小麦的生产、收储等流通过程管理的不合理性有关。

① 目前，中国小麦生产以农户自主经营为主，生产规模小、种植品种多、品种品质类型复杂。从生产上调查的结果可以看出，当前生产上种植的小麦品种数量较大，连续 3 年豫北地区共调查到 47 个小麦品种；品种品质参差不齐的现象比较普遍，这就导致生产出的小麦产品品质差异较大。同时，受到现有生产方式和仓储条件的影响，农户还不能做到按照品种收储和销售，从而造成收获后的粮食品质混杂严重(魏益民，2004)。

② 在小麦收购过程中，粮食收购企业仅以容重作为小麦分级的标准，但容重的高低并不能全面反映小麦质量的优劣(李昌文等，2004)。收购后不同等级的小麦又混储在一起，导致仓储小麦多为混合等级的小麦，这种“混粉效应”大大降低了仓储小麦的质量水平(魏益民等，2009b)。

4.2.5 小结

① 仓储小麦的千粒重平均为(42.56±4.12)g，容重平均为(805±17.79)g/L，蛋白质含量平均为(13.60±0.71)%，湿面筋含量平均为(28±2.49)%，面团稳定时间平均为(5.3±6.10)min。总体来看，豫北地区仓储小麦的容重和籽粒硬度较高，蛋白质含量也不低，但湿面筋含量较低，面团稳定时间较短。仅从面团的流变学特性简单判断，仓储小麦品质以中筋或中筋偏弱类型为主，65.1%的仓储小麦适宜于制作面条、馒头等食品；仅有 10.1%的仓储小麦能够满足制作优质面包的要求。

② 仅以面团稳定时间≥7.0min 为评价依据，有 10.1%的仓储小麦样品达到国家优质强筋小麦 2 级标准(GB/T 17892—1999)。若同时以容重(≥770g/L)、蛋白质含量(≥14.0%)、湿面筋含量(≥32%)和面团稳定时间(≥7.0min)4 项指标为评价依据，没有符合国家优质强筋小麦 2 级标准的仓储小麦样品。湿面筋含量较低，面团稳定时间较短和品质亚性状间的均衡性较差，是仓储小麦达不到国家优质强筋小麦标准的主要原因。

③ 仓储小麦与农户大田小麦的籽粒品质性状和蛋白质含量均无显著差异，而沉淀值、湿面筋含量、面团稳定时间等品质性状均存在显著差异。仓储小麦的沉淀值、湿面筋含量、面团稳定时间较农户大田小麦分别低 1.6ml、0.8%、3.3min。仅以面团稳定时间≥7.0min 为评价依据，仓储小麦的优质率为 10.1%，较农户大田小麦(33.3%)低 23.2%。

4.3 主要小麦品种籽粒质量调查与分析

4.3.1 引言

小麦品种的籽粒质量是小麦商品粮质量和制作优质食品的基础。调查生产上主要小麦品种籽粒质量，分析主要小麦品种质量性状变化，有助于判别大田小麦和仓储小麦的质量，为小麦品质育种目标的制订和优质专用小麦生产的品种选择提供依据。

前人研究认为，小麦品种间品质性状存在较大差异（李元清等，2008；Peterson et al.，1998）。对陕西省关中小麦区域试验中的12个小麦品种（品系）品质性状的分析结果表明，小麦品种（品系）之间籽粒硬度、蛋白质含量、湿面筋含量和沉淀值存在显著差异（魏益民等，2002）；陕西关中地区生产上主要推广的小麦品种间蛋白质含量差异高达5%（魏益民等，2002）。郭天财等（2004）对不同试点种植的9个小麦品种品质性状系统分析结果表明，品种间品质性状存在显著差异。对中国北方冬麦区65个小麦品种（系）的部分品质性状分析结果也表明，品质性状在品种（品系）之间存在显著或极显著差异。除品种遗传特性外，受生态环境、栽培措施等因素影响，不同地区的小麦籽粒质量存在较大差异（雷振生等，2005；赵广才等，2007）。对江苏省6个生态区大面积推广种植的7个不同品质类型的小麦品种品质分析结果表明，不同生态环境条件下小麦品质性状存在显著差异（兰涛等，2004）。曹廷杰等（2008）对参加河南省区试的小麦品种（品系）品质分析结果发现，不同年份之间，小麦品种的蛋白质含量、湿面筋含量及面粉吸水率均表现出显著差异。

目前，有关小麦籽粒质量的研究结论，大多是在特定的试验条件下，通过多年、多点、多品种的区域试验得出的。而以实际生产上农户种植的主要小麦品种样品为材料，对小麦品种质量进行分析和评价的研究还较少。本章以2008～2010年在豫北地区采集到的农户大田主要小麦品种（‘矮抗58’、‘周麦16’、‘西农979’）样品为材料，分析小麦籽粒质量性状，采用基本统计量分析、方差分析的方法，研究不同年份、不同小麦品种的品质变化，了解生产上主要小麦品种籽粒质量，评估生产上小麦品种的质量水平和加工利用价值。

4.3.2　材料与方法

1. 供试材料

样品来源及采集方法参见本章4.1中的“1. 供试材料”。采集到的主要小麦品种包括‘矮抗58’（74份）、‘周麦16’（37份）和‘西农979’（18份）。

2. 品质分析方法

参照本章4.1中的“2. 籽粒质量分析方法”。分析的品质性状包括千粒重、容重、籽粒硬度、籽粒颜色、出粉率、面粉灰分含量、面粉色泽、蛋白质含量、沉淀值、湿面筋含量、面筋指数、降落数值及面团流变学特性（粉质参数和拉伸参数）。

3. 数据处理

采用 SAS V8 统计分析软件中的 Summary Statistics 程序进行基本统计量(样本均值、标准差和变异系数)分析;采用 ANOVA 程序进行方差分析,Duncan multiple comparison 法进行多重比较,检验水平为 $P<0.05$。采用 Excel2007 处理数据和表格。

4.3.3 主要小麦品种籽粒质量性状

1. 小麦品种'矮抗 58'的籽粒质量性状

1) 籽粒性状

小麦品种'矮抗 58'农户大田样品的千粒重平均为(43.63±2.97)g,容重平均为(822±14.75)g/L,籽粒硬度平均为(61±1.95)%,籽粒颜色的亮度 L^* 值平均为 52.63±1.37,红度 a^* 值平均为 5.18±0.23,黄度 b^* 值平均为 22.01±0.97(表 4.19)。所抽取的 74 份'矮抗 58'样品,容重均在 770g/L 以上,其中,98.6%的样品容重≥790g/L。

表 4.19 '矮抗 58'的籽粒性状

年份	参数	千粒重/g	容重/(g/L)	硬度/%	籽粒 L^* 值	籽粒 a^* 值	籽粒 b^* 值
2008 (n=17)	平均值	44.36±2.13a	822±10.75ab	61±0.72a	52.73±1.70b	5.17±0.25ab	22.84±0.82a
	变异系数/%	4.79	1.31	1.17	3.22	4.84	3.59
2009 (n=21)	平均值	41.33±3.15b	814±17.25b	61±3.25a	53.49±1.48a	5.29±0.24a	21.96±1.21b
	变异系数/%	7.62	2.12	5.34	2.77	4.54	5.51
2010 (n=36)	平均值	44.62±2.50a	826±13.02a	61±1.18a	52.08±0.77b	5.12±0.20b	21.64±0.59b
	变异系数/%	5.61	1.58	1.95	1.49	3.86	2.75
2008~2010 (n=74)	平均值	43.63±2.97	822±14.75	61±1.95	52.63±1.37	5.18±0.23	22.01±0.97
	变异系数/%	6.82	1.79	3.20	2.60	4.49	4.43

注:数据后的不同字母表示年份间差异显著,显著水平 $P<0.05$,下同

方差分析结果表明,年份间'矮抗 58'的千粒重和容重存在显著差异。2009 年'矮抗 58'的千粒重、容重显著低于 2008 年和 2010 年;2008 年和 2010 年之间无显著差异。年份间'矮抗 58'的籽粒硬度无显著差异。

2）磨粉性状和降落数值

小麦品种‘矮抗58’大田样品的出粉率平均为(57.4±4.99)%，面粉灰分含量平均为(0.45±0.11)%，面粉色泽的亮度L^*值平均为93.42±0.64，红度a^*值平均为－1.97±0.15，黄度b^*值平均为10.46±0.51，降落数值平均为(494±43.97)s(表4.20)。其中，面粉灰分含量的变异系数较大，为24.69%。

表4.20　‘矮抗58’的磨粉性状和降落数值

年份	参数	出粉率/%	面粉灰分含量/%	面粉L^*值	面粉a^*值	面粉b^*值	降落数值/s
2008 (n=17)	平均值	64.8±1.97a	0.33±0.03c	92.91±0.21b	−1.96±0.12b	11.01±0.47a	455±19.66b
	变异系数/%	3.04	9.82	0.23	5.94	4.27	4.32
2009 (n=21)	平均值	53.1±3.66c	0.61±0.02a	93.49±1.03a	−1.83±0.10a	10.53±0.41b	494±40.03a
	变异系数/%	6.90	3.28	1.10	5.46	3.89	8.11
2010 (n=36)	平均值	56.4±1.82b	0.41±0.01b	93.63±0.20a	−2.07±0.11c	10.15±0.32c	513±42.60a
	变异系数/%	3.22	2.11	0.21	5.22	3.17	8.30
2008～2010 (n=74)	平均值	57.4±4.99	0.45±0.11	93.42±0.64	−1.97±0.15	10.46±0.51	494±43.97
	变异系数/%	8.69	24.69	0.68	7.81	4.90	8.90

方差分析结果表明，年份间‘矮抗58’的磨粉质量性状存在显著差异。出粉率表现为2008年>2010年>2009年，面粉灰分含量与出粉率的表现相反。从年份间面粉色泽的L^*值、a^*值、b^*值的变化来看，2010年面粉色泽的亮度L^*值较2008年显著增大，红度a^*值和黄度b^*值显著减小。这一结果表明，与2008年和2009年相比，2010年‘矮抗58’的面粉色泽有明显改善。

‘矮抗58’小麦样品的降落数值较高，所抽取的74份‘矮抗58’样品，降落数值均在300s以上。从年份间降落数值的变化来看，2008年小麦样品的降落数值显著低于2009年和2010年，2009年和2010年之间‘矮抗58’小麦样品的降落数值差异不显著，这表明2008年‘矮抗58’样品的淀粉酶活性较高。

3）蛋白质性状

小麦品种‘矮抗58’大田样品的蛋白质含量平均为(13.52±0.78)%，沉淀值平均为(26.5±3.47)ml，湿面筋含量平均为(27.2±2.66)%，面筋指数平均为(77±14.70)%(表4.21)。其中，沉淀值和面筋指数的变异系数较大，分别为13.12%、19.06%。所抽取的74份‘矮抗58’小麦样品中，27.0%样品的蛋白质含量≥14.0%，6.8%样品的湿面筋含量≥32%。

表 4.21 ‘矮抗 58’的蛋白质性状

年份	参数	蛋白质含量/%	沉淀值/ml	湿面筋含量/%	面筋指数/%
2008 (*n*=17)	平均值	13.52±0.46b	25.9±2.47ab	29.9±2.95a	59±8.26c
	变异系数/%	3.39	9.52	9.86	14.01
2009 (*n*=21)	平均值	12.78±0.53c	24.6±3.40b	27.7±1.62b	72±10.22b
	变异系数/%	4.15	13.8	5.84	14.23
2010 (*n*=36)	平均值	13.95±0.69a	27.8±3.43a	25.6±1.71c	89±6.60a
	变异系数/%	4.93	12.34	6.67	7.43
2008～2010 (*n*=74)	平均值	13.52±0.78	26.5±3.47	27.2±2.66	77±14.70
	变异系数/%	5.74	13.12	9.77	19.06

方差分析结果表明，年份间‘矮抗 58’的蛋白质性状存在显著差异。2010 年‘矮抗 58’的籽粒蛋白质含量、沉淀值和面筋指数显著高于 2009 年和 2008 年，湿面筋含量显著低于 2009 年和 2008 年。总体来看，2010 年‘矮抗 58’的蛋白质质量明显优于 2009 年和 2008 年。

4）面团流变学特性

（1）粉质参数

小麦品种‘矮抗 58’大田样品的面粉吸水率平均为(56.9±1.40)%，形成时间平均为(3.7±0.71)min，稳定时间平均为(6.7±4.39)min，弱化度平均为(45±19.34)BU，粉质质量指数平均为(78±46.44)mm(表 4.22)。除面粉吸水率外，

表 4.22 ‘矮抗 58’的粉质参数

年份	参数	吸水率/%	形成时间/min	稳定时间/min	弱化度/BU	粉质质量指数/mm
2008 (*n*=17)	平均值	58.1±1.22a	4.0±0.56a	6.3±2.07a	48±12.39a	60±3.10a
	变异系数/%	2.11	13.87	32.71	25.84	5.22
2009 (*n*=21)	平均值	57.5±0.85a	3.6±0.41ab	5.9±2.07a	45±20.66a	76±23.47a
	变异系数/%	1.48	11.29	34.97	46.11	30.73
2010 (*n*=36)	平均值	56.0±1.16b	3.6±0.86b	7.3±5.92a	44±21.47a	87±62.66a
	变异系数/%	2.06	24.11	81.58	48.77	71.86
2008～2010 (*n*=74)	平均值	56.9±1.40	3.7±0.71	6.7±4.39	45±19.34	78±46.44
	变异系数/%	2.46	19.23	65.90	42.84	59.72

‘矮抗 58’的其余粉质参数变异系数均较大。所抽取的 74 份‘矮抗 58’小麦样品中，36.5%样品的面团稳定时间≥7.0min。

方差分析结果表明，2008 年‘矮抗 58’大田样品的面粉吸水率和面团形成时间显著高于 2010 年，而年份间‘矮抗 58’的面团稳定时间、弱化度和粉质质量指数无显著差异。

(2) 拉伸参数

小麦品种‘矮抗 58’大田样品的面团拉伸长度平均为(136±11.81)mm，拉伸阻力平均为(222±65.25)BU，最大拉伸阻力平均为(259±80.21)BU，拉伸面积平均为(49.9±16.29)cm^2(表 4.23)。从分析结果可以看出，除面团拉伸长度外，‘矮抗 58’的其余拉伸参数变异系数均较大。

表 4.23　‘矮抗 58’的拉伸参数

年份	参数	拉伸长度/mm	拉伸阻力/BU	最大拉伸阻力/BU	拉伸面积/cm^2
2008 (n=17)	平均值	140±0.64a	311±40.05a	370±55.35a	68.8±13.79a
	变异系数 %	4.61	12.90	14.98	20.05
2009 (n=21)	平均值	139±8.32a	205±66.15b	233±65.46b	47.3±13.04b
	变异系数 /%	5.97	32.19	28.05	27.55
2010 (n=36)	平均值	133±14.62a	189±26.25b	220±43.87b	42.4±11.77b
	变异系数 /%	11.02	13.92	19.92	27.80
2008～2010 (n=74)	平均值	136±11.81	222±65.25	259±80.21	49.9±16.29
	变异系数 /%	8.69	29.38	30.96	32.62

方差分析结果表明，年份间‘矮抗 58’的面团拉伸长度无显著差异，拉伸阻力、最大拉伸阻力和拉伸面积差异显著。2008 年‘矮抗 58’样品的拉伸阻力、最大拉伸阻力和拉伸面积显著高于 2009 年和 2010 年。

豫北地区‘矮抗 58’的容重、籽粒硬度平均值较大，蛋白质含量较高。‘矮抗 58’的蛋白质含量平均为(13.52±0.78)%，蛋白质含量在 14.0%以上的样品比例为 27.0%。沉淀值和湿面筋含量较低。仅以面团稳定时间为判断依据，在 74 份‘矮抗 58’大田小麦样品中，有 36.5%的样品面团稳定时间≥7.0min，符合国家优质强筋小麦 2 级标准 GB/T 17892—1999；58.1%‘矮抗 58’小麦样品的面团稳定时间为 2.5～7.0min。若同时以容重≥770g/L、蛋白质含量≥14.0%、湿面筋含量≥32%和面团稳定时间≥7.0min 4 项指标为评价依据，仅有 2.7%的样品达到国家优质强筋小麦 2 级标准。湿面筋含量较低、质量性状间协调性差是导致大田‘矮抗 58’产品优质率较低的主要原因。参照面包、面条等专用小麦粉行业标准，仅以面团稳定时间为评价依据，36.5%的‘矮抗 58’小麦样品的稳定时间≥7.0min，达到面包用小麦粉行业标准 SB/T 10136—1993 的要求。总体来看，‘矮抗 58’属于中筋小麦品种。

方差分析结果表明，年份间‘矮抗 58’的籽粒硬度、面团稳定时间、弱化度、粉质质量指数和拉伸长度等性状无显著差异，其余质量性状均存在显著差异。

2. 小麦品种‘周麦 16’的籽粒质量性状

1）籽粒性状

小麦品种‘周麦 16’大田样品的千粒重平均为(46.27±4.67)g，容重平均为(800±14.61)g/L，籽粒硬度平均为(60±1.67)%，籽粒颜色的亮度 L^* 值平均为 52.86±1.43，红度 a^* 值平均为 5.36±0.27，黄度 b^* 值平均为 22.20±1.18(表 4.24)。其中，千粒重的变异系数较大，为 10.10%。所抽取的 37 份‘周麦 16’样品，97.3%样品的容重≥770g/L，91.9%样品的容重≥790g/L。

表 4.24　‘周麦 16’的籽粒性状

年份	参数	千粒重/g	容重/(g/L)	硬度/%	籽粒 L^* 值	籽粒 a^* 值	籽粒 b^* 值
2008 (n=12)	平均值	47.31±4.64a	796±10.43a	60±2.02a	53.34±1.11a	5.38±0.25ab	23.06±0.69a
	变异系数/%	9.81	1.31	3.40	2.08	4.72	3.00
2009 (n=14)	平均值	43.21±2.31b	802±14.53a	60±1.74a	52.71±1.86a	5.45±0.31a	21.74±1.36b
	变异系数/%	5.35	1.80	2.88	3.53	5.69	6.26
2010 (n=11)	平均值	49.03±5.00a	801±18.78a	60±1.04a	52.54±1.06a	5.21±0.21b	21.83±0.84b
	变异系数/%	10.20	2.34	1.14	2.02	3.98	3.86
2008～2010 (n=37)	平均值	46.27±4.67	800±14.61	60±1.67	52.86±1.43	5.36±0.27	22.20±1.18
	变异系数/%	10.10	1.83	2.80	2.71	5.16	5.30

方差分析结果表明，年份间‘周麦 16’的千粒重存在显著差异。2009 年‘周麦 16’的千粒重显著低于 2008 年和 2010 年；2008 年和 2010 年之间‘周麦 16’的千粒重无显著差异。年份间‘周麦 16’的容重和籽粒硬度均无显著差异。

2）磨粉性状和降落数值

小麦品种‘周麦 16’大田样品的出粉率平均为(58.0±6.20)%，面粉灰分含量平均为(0.47±0.12)%，面粉色泽的亮度 L^* 值平均为 93.10±0.40，红度 a^* 值平均为−1.77±0.17，黄度 b^* 值平均为 10.22±0.44，降落数值平均为(465±41.40)s

(表 4.25)。其中,出粉率和面粉灰分含量的变异系数较大,分别为 10.70%、26.50%。

表 4.25　'周麦 16'的磨粉性状及降落数值

年份	参数	出粉率/%	面粉灰分含量/%	面粉 L^* 值	面粉 a^* 值	面粉 b^* 值	降落数值/s
2008 (n=12)	平均值	65.8±2.90a	0.35±0.02c	92.95±0.16b	−1.72±0.06a	10.39±0.30a	435±33.95b
	变异系数/%	4.40	5.30	0.17	3.56	2.87	7.80
2009 (n=14)	平均值	52.6±2.07c	0.62±0.02a	92.97±0.22b	−1.73±0.20a	10.37±0.49a	471±32.41a
	变异系数/%	3.94	3.23	0.24	11.56	4.73	6.89
2010 (n=11)	平均值	56.3±2.52b	0.41±0.01b	93.45±0.49a	−1.89±0.16b	9.85±0.26b	492±40.18a
	变异系数/%	4.48	3.04	0.52	8.56	2.66	8.16
2008～2010 (n=37)	平均值	58.0±6.20	0.47±0.12	93.10±0.40	−1.77±0.17	10.22±0.44	465±41.40
	变异系数/%	10.70	26.50	0.41	9.66	4.30	8.89

方差分析结果表明,年份间'周麦 16'的磨粉性状存在显著差异。出粉率表现为 2008 年>2010 年>2009 年,面粉灰分含量与出粉率的表现相反。从年份间面粉色泽的 L^* 值、a^* 值、b^* 值的变化趋势来看,2010 年面粉色泽的亮度 L^* 值显著高于 2008 年和 2009 年,红度 a^* 值和黄度 b^* 值则显著低于 2008 年和 2009 年。这一结果表明,与 2008 年和 2009 年相比,2010 年'周麦 16'的面粉色泽明显较好。

'周麦 16'小麦样品的降落数值较高,所抽取的 37 份'周麦 16'样品,降落数值均在 300s 以上。从年份间降落数值的变化来看,2008 年小麦样品的降落数值显著低于 2009 年和 2010 年;2009 年和 2010 年之间'周麦 16'小麦样品的降落数值差异不显著。这表明 2008 年'周麦 16'样品的淀粉酶活性较高。

3) 蛋白质性状

小麦品种'周麦 16'大田样品的蛋白质含量平均为(13.44±0.80)%,沉淀值平均为(22.2±2.60)ml,湿面筋含量平均为(28.9±3.04)%,面筋指数平均为(60±14.66)%(表 4.26)。其中,沉淀值、湿面筋含量和面筋指数的变异系数较大,分别为 11.69%、10.53%和 24.35%。所抽取的 37 份'周麦 16'小麦样品中,29.7%样品的蛋白质含量≥14.0%,21.6%样品的湿面筋含量≥32%。

方差分析结果表明,年份间'周麦 16'的蛋白质性状存在显著差异。2009 年'周麦 16'的蛋白质含量显著低于 2008 年和 2010 年;2008 年和 2010 年之间'周麦 16'的蛋白质含量无显著差异。年份间'周麦 16'的沉淀值无显著差异。2008 年

表 4.26 '周麦 16'的蛋白质性状

年份	参数	蛋白质含量/%	沉淀值/ml	湿面筋含量/%	面筋指数/%
2008 (n=12)	平均值	14.05±0.45a	22.6±2.14a	32.4±2.42a	53±11.66b
	变异系数/%)	3.21	9.47	7.46	22.19
2009 (n=14)	平均值	12.65±0.32b	21.8±2.73a	27.2±0.62b	56±11.01b
	变异系数/%)	2.53	12.55	2.28	19.78
2010 (n=11)	平均值	13.79±0.70a	22.3±2.99a	27.2±2.02b	74±12.42a
	变异系数/%)	5.06	13.37	7.44	16.72
2008～2010 (n=37)	平均值	13.44±0.80	22.2±2.60	28.9±3.04	60±14.66
	变异系数/%)	5.94	11.69	10.53	24.35

'周麦 16'的湿面筋含量显著高于 2009 年和 2010 年；2009 年和 2010 年之间'周麦 16'的湿面筋含量无显著差异。2010 年'周麦 16'的面筋指数显著高于 2008 年和 2009 年；2008 年和 2009 年之间'周麦 16'的面筋指数无显著差异。

4）面团流变学特性

(1) 粉质参数

小麦品种'周麦 16'大田样品的面粉吸水率平均为(57.5±1.49)%，形成时间平均为(2.8±0.57)min，稳定时间平均为(2.9±3.86)min，弱化度平均为(96±27.13)BU，粉质质量指数平均为(47±41.85)mm(表 4.27)。从分析结果可以看出，除面粉吸水率外，'周麦 16'的其余粉质参数变异系数均较大。所抽取的 37 份'周麦 16'小麦样品中，仅有 1 份样品的面团稳定时间≥7.0min。

表 4.27 '周麦 16'的粉质参数

年份	参数	吸水率/%	形成时间/min	稳定时间/min	弱化度/BU	粉质质量指数/mm
2008 (n=12)	平均值	58.1±1.05a	3.2±0.43a	2.4±0.61a	88±18.70a	50±4.03a
	变异系数/%	1.80	13.59	25.60	21.35	8.13
2009 (n=14)	平均值	57.9±0.91a	2.5±0.25b	2.2±0.42a	98±13.09a	37±5.30a
	变异系数/%	1.57	10.08	19.18	13.31	14.52
2010 (n=11)	平均值	56.3±1.86b	2.6±0.71b	4.3±7.06a	102±43.68a	58.9±77.03a
	变异系数/%	3.31	27.05	166.04	42.74	130.75
2008～2010 (n=37)	平均值	57.5±1.49	2.8±0.57	2.9±3.86	96±27.13	47±41.85
	变异系数/%	2.59	20.57	134.06	28.26	88.28

方差分析结果表明，2008 年‘周麦 16’样品的面粉吸水率和面团形成时间显著高于 2010 年。年份间‘周麦 16’的面团稳定时间、弱化度和粉质质量指数均无显著差异。

(2) 拉伸参数

小麦品种‘周麦 16’大田样品的面团拉伸长度平均为(149±12.33)mm，拉伸阻力平均为(161±47.67)BU，最大拉伸阻力平均为(181±58.65)BU，拉伸面积平均为(42.9±18.69)cm^2(表 4.28)。从分析结果可以看出，除面团拉伸长度外，‘周麦 16’的其余拉伸参数变异系数均较大。

表 4.28　‘周麦 16’的拉伸参数

年份	参数	拉伸长度/mm	拉伸阻力/BU	最大拉伸阻力/BU	拉伸面积/cm^2
2008	平均值	157±0.97a	239±38.96a	207±28.25a	62.4±18.85a
(n=12)	变异系数/%	6.21	16.34	13.66	30.21
2009	平均值	151±9.73a	143±31.81b	158±39.71b	36.1±9.33b
(n=14)	变异系数/%	6.47	22.21	25.12	25.82
2010	平均值	140±12.35b	133±44.41b	146±51.38b	30.1±7.34b
(n=11)	变异系数/%	8.84	33.49	34.10	24.40
2008～2010	平均值	149±12.33	161±47.67	181±58.65	42.9±18.69
(n=37)	变异系数/%	8.26	29.61	32.46	43.61

方差分析结果表明，年份间‘周麦 16’的面团拉伸参数存在显著差异。2008 年‘周麦 16’样品的拉伸长度、拉伸阻力、最大拉伸阻力和拉伸面积显著高于 2010 年。

豫北地区‘周麦 16’的千粒重、容重、籽粒硬度平均值较大，千粒重平均值达到 46g。‘周麦 16’小麦蛋白质含量较高，平均为(13.44±0.80)%，蛋白质含量在 14.0%以上样品比例为 29.7%，但沉淀值和湿面筋含量较低。仅以面团稳定时间为判断依据，在 37 份‘周麦 16’小麦样品中，有 18.9%样品的面团稳定时间≥3.0min，达到面条用小麦粉行业标准 SB/T 10137—1993；75.7%样品的面团稳定时间≤2.5min。总体来看，‘周麦 16’属于偏弱筋类型的小麦品种，可用于弱筋专用粉的配麦。

方差分析结果表明，年份间‘周麦 16’的容重、籽粒硬度、籽粒颜色的亮度 L^* 值、沉淀值、面团稳定时间、弱化度、粉质质量指数等性状无显著差异，其余性状均存在显著差异。

3. 小麦品种'西农 979'的籽粒质量性状

1) 籽粒性状

小麦品种'西农 979'大田样品的千粒重平均为(39.88±3.64)g,容重平均为(804±13.69)g/L,籽粒硬度平均为(65±4.32)%,籽粒颜色的亮度 L^* 值平均为 52.59±2.75,红度 a^* 值平均为 5.35±0.18,黄度 b^* 值平均为 21.47±1.57(表 4.29)。所抽取的 18 份'西农 979'样品,94.4%的样品的容重≥790g/L。

表 4.29 '西农 979'的籽粒性状

年份	参数	千粒重/g	容重/(g/L)	硬度/%	籽粒 L^* 值	籽粒 a^* 值	籽粒 b^* 值
2008 (n=4)	平均值	43.80±2.06a	814±4.82a	67±1.73a	51.70±1.97b	5.31±0.07a	20.68±0.66b
	变异系数/%	4.70	0.59	2.60	3.81	1.40	3.19
2009 (n=8)	平均值	37.40±3.48b	796±15.89b	63±6.02a	55.17±1.03a	5.40±0.21a	23.00±0.78a
	变异系数/%	9.30	2.00	9.50	1.87	3.92	3.40
2010 (n=6)	平均值	40.58±1.67ab	809±7.19ab	67±0.63a	49.75±1.02c	5.31±0.21a	19.95±0.40b
	变异系数/%	4.10	0.89	0.94	2.05	3.88	2.00
2008～2010 (n=18)	平均值	39.88±3.64	804±13.69	65±4.32	52.59±2.75	5.35±0.18	21.47±1.57
	变异系数/%	9.12	1.70	6.62	5.24	3.45	7.29

方差分析结果表明,年份间'西农 979'的千粒重和容重存在显著差异。2008 年'西农 979'的千粒重、容重显著高于 2009 年,但与 2010 年之间无显著差异;2009 年'西农 979'的千粒重、容重与 2010 年之间也无显著差异。年份间'西农 979'的籽粒硬度无显著差异。

2) 磨粉性状和降落数值

小麦品种'西农 979'大田样品的出粉率平均为(54.7±7.16)%,面粉灰分含量平均为(0.48±0.13)%,面粉色泽的亮度 L^* 值平均为 93.71±1.04,红度 a^* 值平均为−1.03±0.22,黄度 b^* 值平均为 7.51±0.23,降落数值平均为(516±63.94)s(表 4.30)。出粉率、面粉灰分含量、面粉色泽的红度 a^* 值和降落数值的变异系数均较大,分别为 13.09%、27.01%、21.62%、12.40%。所抽取的 18 份'西农 979'样品,降落数值均在 300s 以上。

方差分析结果表明,年份间'西农 979'的磨粉性状存在显著差异。出粉率表现为 2008 年>2010 年>2009 年,面粉灰分含量与出粉率的表现相反。从年份间面粉色泽的 L^* 值、a^* 值、b^* 值的变化来看,2008 年面粉色泽的亮度 L^* 值和黄度

b^* 值显著低于 2009 年和 2010 年;2010 年面粉的红度 a^* 值显著低于 2008 年和 2009 年。

表 4.30　'西农 979'的磨粉性状和降落数值

年份	参数	出粉率/%	面粉灰分含量/%	面粉 L^* 值	面粉 a^* 值	面粉 b^* 值	降落数值/s
2008 (n=4)	平均值	64.6±3.14a	0.31±0.03c	92.87±0.32b	−0.88±0.06a	7.28±0.21b	430±10.23b
	变异系数/%	4.86	8.96	0.34	6.57	2.85	2.38
2009 (n=8)	平均值	48.3±2.89c	0.61±0.02a	94.21±1.38a	−0.88±0.06a	7.62±0.23a	534±36.34a
	变异系数/%	5.98	3.32	1.46	7.07	3.01	6.81
2010 (n=6)	平均值	56.5±2.81b	0.42±0.01b	93.59±0.10ab	−1.33±0.02b	7.53±0.10a	549±65.39a
	变异系数/%	4.97	1.80	0.11	1.47	1.39	11.91
2008～2010 (n=18)	平均值	54.7±7.16	0.48±0.13	93.71±1.04	−1.03±0.22	7.51±0.23	516±63.94
	变异系数/%	13.09	27.01	1.12	21.62	3.01	12.40

3) 蛋白质性状

小麦品种'西农 979'大田样品的蛋白质含量平均为(13.34±0.52)%,沉淀值平均为(35.5±4.31)ml,湿面筋含量平均为(27.2±3.37)%,面筋指数平均为(95±5.18)%(表 4.31)。其中,沉淀值和湿面筋含量的变异系数较大,分别为 12.14%、12.38%。所抽取的 18 份'西农 979'样品,16.7%的样品的蛋白质含量≥14.0%,11.1%样品的湿面筋含量≥32%。

表 4.31　'西农 979'的蛋白质性状

年份	参数	蛋白质含量/%	沉淀值/ml	湿面筋含量/%	面筋指数/%
2008 (n=4)	平均值	13.48±0.43a	33.8±5.04a	30.4±1.61a	90±8.38b
	变异系数/%	3.19	14.89	5.30	9.30
2009 (n=8)	平均值	13.23±0.73a	33.9±4.22a	28.7±1.97a	95±2.74ab
	变异系数/%	5.49	12.47	6.85	2.89
2010 (n=6)	平均值	13.39±0.15a	38.7±1.97a	23.1±0.39b	99±1.97a
	变异系数/%	1.14	5.10	1.68	1.99
2008～2010 (n=18)	平均值	13.34±0.52	35.5±4.31	27.2±3.37	95±5.18
	变异系数/%	3.88	12.14	12.38	5.45

方差分析结果表明,年份间'西农 979'的蛋白质含量和沉淀值无显著差异,而

湿面筋含量和面筋指数存在显著差异。2010 年‘西农 979’的湿面筋含量显著低于 2008 年和 2009 年；2008 年和 2009 年之间湿面筋含量无显著差异。2010 年‘西农 979’的面筋指数显著高于 2008 年，与 2009 相比无显著差异；2008 年‘西农 979’的面筋指数与 2009 年相比也无显著差异。总体来看，2010 年‘西农 979’的蛋白质质量明显优于 2009 年和 2008 年。

4）面团流变学特性

（1）粉质参数

小麦品种‘西农 979’大田样品的面粉吸水率平均为(60.4±0.78)%，形成时间平均为(16.3±9.14)min，稳定时间平均为(39.0±14.13)min，弱化度平均为(11±10.25)BU，粉质质量指数平均为(331±177.75)mm(表 4.32)。从分析结果可以看出，除面粉吸水率外，‘西农 979’的其余粉质参数变异系数均较大。所抽取的 18 份‘西农 979’样品，面团稳定时间均在 7.0min 以上。

表 4.32 ‘西农 979’的粉质参数

年份	参数	吸水率/%	形成时间/min	稳定时间/min	弱化度/BU	粉质质量指数/mm
2008 (n=4)	平均值	60.7±0.44a	5.8±3.16b	37.1±27.46a	20±14.14a	70±8.50b
	变异系数/%	0.72	54.90	74.02	70.71	12.10
2009 (n=8)	平均值	61.0±0.15a	17.0±9.74a	37.5±11.89a	9±7.74a	369±148.56a
	变异系数/%	0.24	57.30	31.72	88.47	40.31
2010 (n=6)	平均值	59.6±0.68b	22.3±3.57a	42.3±3.01a	8±8.28a	455±35.95a
	变异系数/%	1.15	16.02	7.12	105.71	7.90
2008～2010 (n=18)	平均值	60.4±0.78	16.3±9.14	39.0±14.13	11±10.25	331±177.75
	变异系数/%	1.29	56.23	36.24	93.68	53.67

方差分析结果表明，2008 年‘西农 979’大田样品的面粉吸水率显著高于 2010 年，面团形成时间和粉质质量指数显著低于 2010 年。年份间‘西农 979’的面团稳定时间、弱化度无显著差异。

（2）拉伸参数

小麦品种‘西农 979’大田样品的面团拉伸长度平均为(157±8.23)mm，拉伸阻力平均为(341±67.15)BU，最大拉伸阻力平均为(515±108.62)BU，拉伸面积平均为(97.4±16.59)cm^2(表 4.33)。从分析结果可以看出，除面团拉伸长度外，‘西农 979’的其余拉伸参数变异系数均较大。

方差分析结果表明，年份间‘西农 979’的面团拉伸长度、拉伸阻力和最大拉伸阻力差异显著。2008 年‘西农 979’样品的最大拉伸阻力和拉伸阻力显著高于 2009 年和 2010 年;年份间拉伸面积无显著差异。

表 4.33　‘西农 979’的拉伸参数

年份	参数	拉伸长度/mm	拉伸阻力/BU	最大拉伸阻力/BU	拉伸面积/cm^2
2008	平均值	161±6.13a	452±40.62a	693±60.62a	110.7±30.02a
(*n*=4)	变异系数/%	3.81	9.00	8.75	27.12
2009	平均值	160±7.73a	291±15.20c	439±45.25c	91.5±11.75a
(*n*=8)	变异系数/%	4.83	5.22	10.30	12.84
2010	平均值	150±6.08b	334±13.87b	497±16.96b	96.5±2.07a
(*n*=6)	变异系数/%	4.06	4.15	3.41	2.15
2008～2010	平均值	157±8.23	341±67.15	515±108.62	97.4±16.59
(*n*=18)	变异系数/%	5.25	19.69	21.10	17.03

豫北地区‘西农 979’的容重、籽粒硬度平均值较大,沉淀值较高,蛋白质质量较好。仅以面团稳定时间为判断依据,18 份‘西农 979’大田小麦样品的面团稳定时间均在 7.0min 以上,全部样品均符合国家优质强筋小麦 2 级标准 GB/T 17892—1999。若同时以容重≥770g/L、蛋白质含量≥14.0%、湿面筋含量≥32%和面团稳定时间≥7.0min 4 项指标为评价依据,仅有 5.6%的样品达到国家优质强筋小麦 2 级标准。蛋白质含量和湿面筋含量较低、品质性状间协调性差是导致‘西农 979’小麦产品优质率较低的主要原因。总体来看,‘西农 979’面筋筋力强,面团稳定时间较长,属于强筋小麦品种。

方差分析结果表明,年份间‘西农 979’的籽粒硬度、蛋白质含量、沉淀值、稳定时间、弱化度和拉伸面积等品质性状无显著差异,质量稳定性较好。

4.3.4　讨论

连续 3 年大田主要小麦品种籽粒质量跟踪调查分析的结果表明,豫北地区生产上主要小麦品种的千粒重、容重和籽粒硬度较高,蛋白质含量较高,品种间质量性状变化较大。‘矮抗 58’的面团稳定时间平均为(6.7±4.39)min,‘周麦 16’的面团稳定时间平均为(2.9±3.86)min,‘西农 979’的面团稳定时间平均为(39.0±14.13)min。总体来看,‘矮抗 58’属于中强筋类型小麦品种,‘周麦 16’属于偏弱筋类型小麦品种,‘西农 979’属于强筋类型小麦品种。

从年份间小麦品种籽粒质量性状变化来看,千粒重、容重、降落数值、蛋白质含量、湿面筋含量、面粉吸水率等性状差异显著。在同一个地区,年份间土壤肥力和大田栽培管理措施基本一致的条件下,上述性状发生显著变化的原因可能与年际气候的变化有关。对于籽粒硬度、形成时间和稳定时间等性状而言,年份间同一个小麦品种的上述性状均无显著差异;但同一年份小麦品种间上述性状变化较大。这表明反映面筋筋力强弱及小麦加工特性的质量性状主要受品种遗传性决定。因此,在一定区域内,提高小麦籽粒质量的关键措施在于选育和种植优质小麦品种。

从'西农 979'的籽粒质量性状表现来看,容重平均为(804±13.69)g/L,蛋白质含量平均为(13.34±0.52)%,湿面筋含量平均为(27.2±3.37)%、面团稳定时间平均为(39.0±14.13)min。仅以面团稳定时间(≥7.0min)为评价依据,连续 3 年大田定点跟踪调查到的 18 份'西农 979'样品均达到国家优质强筋小麦 2 级标准 GB/T 17892—1999。这一结果说明,在一般的大田生产条件下,该地区推广种植的优质强筋小麦品种其产品的面团稳定时间均能达到国家标准,优质强筋小麦生产的优势比较明显。因此,豫北地区是优质强筋小麦的适宜种植区,适宜开展优质强筋小麦的规模化生产。但若同时以容重(≥770g/L)、蛋白质含量(≥14.0%)、湿面筋含量(≥32%)和稳定时间(≥7.0min)4 项指标同时达到标准为评价依据,调查到的 18 份'西农 979'样品中,仅有 5.6%样品达到国家优质强筋小麦 2 级标准 GB/T 17892—1999。分析原因认为,蛋白质含量和湿面筋含量较低,品质性状间均衡性较差,是导致'西农 979'优质率较低的主要原因。

4.3.5 小结

① 大田主要小麦品种'矮抗 58'的千粒重平均为(43.63±2.97)g,容重平均为(822±14.75)g/L,籽粒硬度平均为(61±1.95)%,蛋白质含量平均为(13.52±0.78)%,湿面筋含量平均为(27.2±2.66)%,稳定时间平均为(6.7±4.39)min。所抽取的 74 份'矮抗 58'样品,容重均在 770g/L 以上,达到国家小麦 2 级标准;有 36.5%的样品面团稳定时间≥7.0min,符合国家优质强筋小麦 2 级标准。'矮抗 58'属于中强筋小麦品种,可用于中强筋专用粉生产,或作为生产强筋面粉的配料。

② 大田主要小麦品种'周麦 16'的千粒重平均为(46.27±4.67)g,容重平均为(800±14.61)g/L,籽粒硬度平均为(60±1.67)%,蛋白质含量平均为(13.44±0.80)%,湿面筋含量平均(28.9±3.04)%,稳定时间平均为(2.9±3.86)min。所抽取的 37 份'周麦 16'样品,97.3%的容重在 770g/L 以上,达到国家小麦 2 级标准;75.7%样品的面团稳定时间≤2.5min,符合国家优质弱筋小麦标准 GB/T 17893—1999。'周麦 16'属于偏弱筋类型的小麦品种,可用于弱筋专用粉的配料。

③ 大田主要小麦品种'西农 979'的千粒重平均为(39.88±3.64)g,容重平均为(804±13.69)g/L,籽粒硬度平均为(65±4.32)%,蛋白质含量平均为(13.34±0.52)%,湿面筋含量平均为(27.2±3.37)%,稳定时间平均为(39.0±14.13)min。所抽取的 18 份'西农 979'样品,94.4%的容重在 770g/L 以上,达到国家小麦 2 级标准;全部样品面团稳定时间均>7.0min,符合国家优质强筋小麦 2 级标准。'西农 979'属于强筋小麦品种,可用于优质面包专用粉生产,也可以兼做面条

专用粉生产的配料。

④ 同时以容重(≥770g/L)、蛋白质含量(≥14.0%)、湿面筋含量(≥32%)和稳定时间(≥7.0min)4项指标为评价依据,调查到的74份'矮抗58'样品中,仅有2.7%的样品达到国家优质强筋小麦2级标准;调查到的18份'西农979'样品中,仅有5.6%的样品达到国家优质强筋小麦2级标准。湿面筋含量较低,面团稳定时间较短,或品质性状间均衡性较差,是导致大田主要小麦品种产品优质率较低的主要原因。

⑤ 在豫北地区,不同年份之间反映蛋白质含量的小麦品种质量性状(蛋白质含量、湿面筋含量)存在显著差异,反映蛋白质质量和加工特性的质量性状(籽粒硬度、稳定时间)无显著差异。这表明小麦产品的质量主要由小麦品种质量特性决定,提高小麦产品的质量水平关键在于选育和推广优质小麦品种。

⑥ 大田主要小麦品种'西农979'的籽粒质量分析结果表明,豫北地区是优质强筋小麦的适生区,适宜于优质强筋小麦的规模化生产。

参考文献

班进福,刘彦军,郭进考,等. 2010. 2009年冀中商品小麦品质分析. 粮食加工,35(5): 19-23

曹廷杰,王西成,赵虹,等. 2008. 河南省区试小麦品种(系)的品质性状分析与评价. 中国农学通报,(1): 58-59

郭天财,马冬云,朱云集,等. 2004. 冬播小麦品种主要品质性状的基因型与环境及其互作效应分析. 中国农业科学,37(7): 948-953

兰涛,姜东,王连臻,等. 2004. 不同类型小麦品种品质性状的生态变异. 南京农业大学学报,27(3): 7-10

雷振生,吴政卿,田云峰,等. 2005. 生态环境变异对优质强筋小麦品质性状的影响. 华北农学报,20(3): 1-4

李昌文,魏益民,欧阳韶晖,等. 2004. 关中西部商品小麦品质分析与评价. 粮食与饲料工业,(3): 7-8

李元清,吴晓华,崔国惠,等. 2008. 基因型、地点及其互作对内蒙古小麦主要品质性状的影响. 作物学报,34(1): 47-53

马艳明,范玉顶,李斯深,等. 2004. 黄淮麦区小麦品种(系)品质性状多样性分析. 植物遗传资源学报,5(2): 133-138

欧阳韶晖,魏益民,张国权,等. 1998. 陕西关中东部小麦商品粮品质调查分析. 西北农业大学学报,26(4): 10-15

孙辉,尹成华,赵仁勇,等. 2010. 我国小麦品质评价与检验技术的发展现状. 粮食与食品工业,17(5): 14-20

魏益民,康立宁,欧阳韶晖,等. 2002. 小麦品种蛋白质品质性状稳定性研究. 西北植物学报,22(1): 90-96

魏益民,欧阳绍辉,陈卫军,等. 2009a. 县域优质小麦生产效果分析 Ⅰ. 陕西省岐山县小麦生产现状调查. 麦类作物学报,29(2): 256-260

魏益民,张国权,欧阳韶晖,等. 2009b. 县域优质小麦生产效果分析 Ⅲ. 陕西省岐山县商品小麦质量调查. 麦类作物学报,29(2): 267-270

魏益民. 2002. 谷物品质与食品品质——小麦籽粒品质与食品品质. 西安: 陕西人民出版社:112-113

魏益民. 2004. 中国优质小麦生产的现状与问题分析. 麦类作物学报,24(1): 95-96

昝存香,周桂英,吴丽娜,等. 2006. 我国小麦品质现状分析. 麦类作物学报,26(6):46-49

赵广才,常旭红,刘利华,等. 2007. 不同灌水处理对强筋小麦籽粒产量和蛋白质组分含量的影响. 作物学报,33(11): 1828-1833

赵俊晔，于振文. 2006. 中国优质专用小麦的生产现状与发展的思考，中国农学通报，22(2)：171-174

赵莉，汪建来，赵竹，等. 2006. 我国冬小麦品种(系)主要品质性状的表现及其相关性. 麦类作物学报，26(3)：87-91

赵淑章，王绍中，赵虹，等. 2000. 河南省小麦品质现状及优质高产新品种筛选研究. 中国农学通报，16(3)：23-24

Peterson C J，Graybosch R A，Shelton D R，et al. 1998. Baking quality of hard winter wheat：Response of cultivars to environment in the Great Plains. Euphytica，100(1-3)：157-162

第5章　影响小麦籽粒质量的因素分析

5.1　区域小麦籽粒产量和质量调查

5.1.1　引言

高产、稳产、优质、高效是小麦育种、生产和加工利用追求的主要目标，也是理想小麦品种应具有的主要特征。调查黄淮冬麦区——豫北、冀中地区生产上小麦籽粒的产量和质量，能够客观、真实地反映大田小麦的生产水平、籽粒质量现状，指导小麦生产，以及小麦加工企业的原粮采购和产品开发。

大田小麦产量调查结果表明，小麦的产量水平高低与品种、生态条件和栽培措施密切相关(赵广才等，2007；叶修祺，1985)。其中，基因型和肥力(氮素营养)是影响小麦产量的主要因素(王桂良等，2010；朱新开等，2005)。有研究表明，基因型对小麦产量的贡献率为49%，施氮量为21%(杨延兵等，2005)。因此，培育和种植高产小麦品种，合理提高氮素供应水平，有利于小麦产量的提高。在多数条件下，小麦产量的提高有可能导致品质下降，这是因为小麦产量与籽粒蛋白质含量、沉淀值等品质性状呈显著负相关(张玉峰等，2006；曹莉等，2003；Grundy et al.，1996)。也有研究认为，在一定水肥条件下，通过栽培措施可以实现小麦产量和蛋白质含量的协同变化(赵广才等，2004；许振柱等，2003)。为了改善小麦的质量状况，增强国产小麦的市场竞争力，国内已选育出一批高产优质小麦品种，这在一定程度上提高了小麦的产量和质量水平。由于受品种、生态环境和栽培措施等因素影响，不同地区的小麦产量和质量存在较大差异(赵广才等，2007；雷振生等，2005)。因此，对黄淮冬麦区生产上广泛种植的小麦品种籽粒产量和质量进行分析和评价显得十分必要(魏益民等，2009；张国权等，1999)。

目前，国内还没有在多个区域、地市的较大范围内研究农户大田或某一小麦品种的产量和质量，系统分析生产上与小麦质量有关的要素及存在的问题。本节以黄淮冬麦区豫北和冀中地区农户大田调查抽取的60份小麦样品为材料，分析小麦的籽粒产量和质量性状，采用基本统计量分析、方差分析等方法，分析区域间、品种间小麦籽粒产量和质量的现状和变化，了解生产上农户大田小麦的籽粒产量和质量，评估大田种植小麦品种的籽粒产量和质量水平，评价其加工利用价值。

5.1.2 材料与方法

1. 供试材料

根据《现代农业产业技术体系小麦质量调查指南(2008)》,2010 年 4 月,在豫北地区(新乡市、安阳市)和冀中地区(石家庄市)现场走访农户,选择确定夏收时的采样点(图 5.1)。布点方法:在确定的县(区、市)选 3 个乡(镇),每个乡(镇)选该乡(镇)种植的主要栽培品种;在保证采样点尽量均匀分布的基础上,确定采样点。

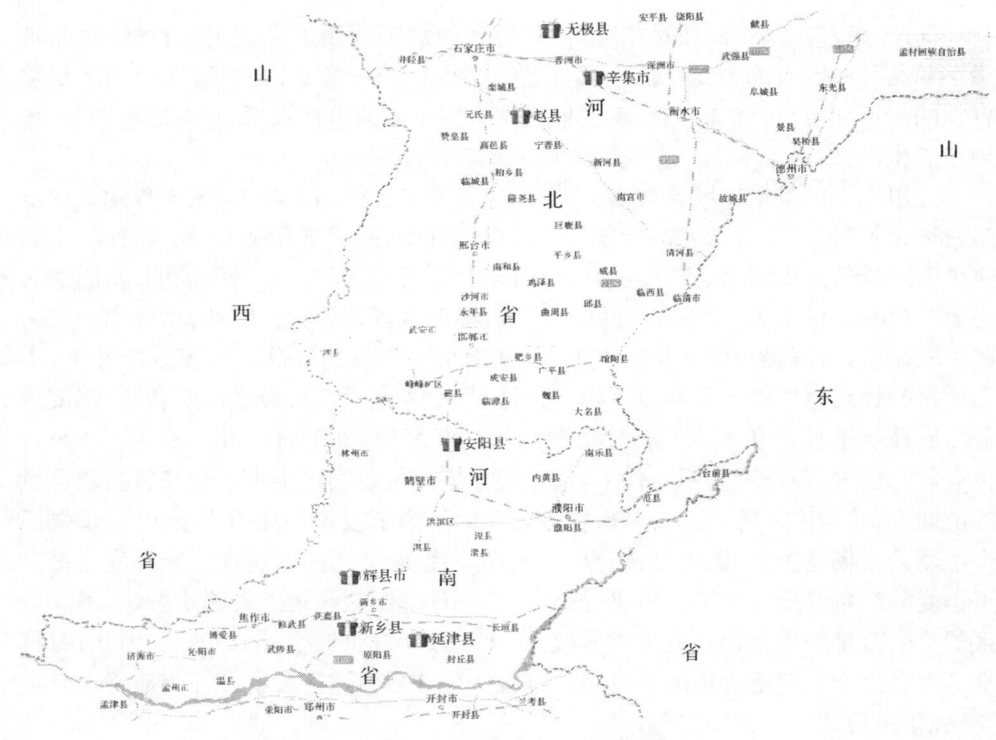

图 5.1 豫北、冀中地区大田小麦采样点分布

2010 年 6 月夏收时,在确定的农户田块取 3 个采样点;每个采样点 $2m^2$,即从定点农户大田收割 3 个面积为 $2m^2$ 的小麦样品(共计 $6m^2$)。收获后的小麦样品经晾晒后,在当地现场脱粒,籽粒装入网袋备用。2010 年在新乡市采集小麦样品 20 份,安阳市 11 份,石家庄市 29 份,共计 60 份。小麦籽粒样品经晾晒、筛理除杂后

称重，计算小麦亩[①]产量；熏蒸杀虫，后熟 2 个月，进行籽粒品质检测。

2. 品质分析方法

参照第 4 章 4.1 中介绍的小麦品质分析方法。分析的品质性状包括千粒重、容重、籽粒硬度、出粉率、降落数值、蛋白质含量、沉淀值、湿面筋含量、面筋指数及面团流变学特性(粉质参数和拉伸参数)。

3. 数据处理

采用 SAS V8 统计分析软件中的 Summary Statistics 程序进行基本统计量(样本均值、标准差和变异系数)计算；采用 ANOVA 程序进行方差分析，Duncan multiple comparison 法进行多重比较，检验水平为 $P<0.05$。数据表格处理采用 Excel2007。

5.1.3　结果与分析

1. 小麦籽粒产量

1) 豫北、冀中地区的小麦产量

2010 年，根据抽样样本计算小麦产量。新乡地区小麦的平均产量为(531±67.63)公斤/亩，变幅为 389～678 公斤/亩；安阳地区小麦的平均产量为(494±68.47)公斤/亩，变幅为 395～589 公斤/亩；石家庄地区小麦的平均产量为(494±99.29)公斤/亩，变幅为 289～739 公斤/亩(表 5.1)。3 个地区相比，新乡地区大田小麦单产水平较高，石家庄地区不同采样点间小麦样品单产的变化较大。由于同一区域内小麦单产变幅较大，方差分析结果显示，3 个地区之间小麦产量无显著差异。总体来看，小麦的单产水平较高，平均为(506±85.16)公斤/亩，在个别采样点小麦单产水平高达 739 公斤/亩。

表 5.1　农户大田的小麦亩产量

地区	平均亩产量/(公斤/亩)	变幅/(公斤/亩)	变异系数/%
新乡(n=20)	531±67.63a	389～678	12.75
安阳(n=11)	494±68.47a	395～589	13.87
石家庄(n=29)	494±99.29a	289～739	20.11
区域平均(n=60)	506±85.16	289～739	16.83

注：数据后的不同字母表示差异显著性，显著水平 $P<0.05$，下同

① 1 亩≈666.7m²。

2）小麦品种的产量

在采集到的小麦品种样品中，‘矮抗 58’的平均亩产量最高，为(533±64.97)公斤/亩，变幅为 395～678 公斤/亩；其次为‘西农 979’、‘衡观 35’、‘周麦 16’、‘石新 828’，平均亩产量分别为(502±123.33)公斤/亩、(500±90.14)公斤/亩、(495±67.65)公斤/亩、(488±106.49)公斤/亩；‘良星 99’的平均亩产量最低，为(484±92.18)公斤/亩，变幅为 315～584 公斤/亩。在所有品种中，产量变幅最大的品种为‘石新 828’，变幅为 289～739 公斤/亩(表 5.2)。由于同一品种的产量变幅较大，品种之间的产量水平在统计学上无显著差异。

表 5.2 农户大田抽样小麦品种的产量

品种	平均亩产量/(公斤/亩)	变幅(公斤/亩)	变异系数/%
矮抗 58(n=20)	533±64.97a	395～678	12.19
周麦 16(n=7)	495±67.65a	411～589	13.65
西农 979(n=3)	502±123.33a	389～634	24.56
衡观 35(n=9)	500±90.14a	348～628	18.01
石新 828(n=15)	488±106.49a	289～739	21.83
良星 99(n=6)	484±92.18a	315～584	19.04
平均(n=60)	506±85.16	289～739	16.83

2. 小麦籽粒质量

1）豫北、冀中小麦籽粒质量

(1) 籽粒品质性状

大田采集的 60 份小麦样品的千粒重平均为(43.14±4.13)g，容重平均为(810±14.79)g/L，籽粒硬度平均为(62±3.49)%，出粉率平均为(56.9±3.80)%，降落数值平均为(436±49.67)s(表 5.3)。从不同地区大田小麦样品籽粒品质性状的变化来看，石家庄地区小麦的千粒重显著低于新乡和安阳地区，而新乡和安阳两地区间小麦的千粒重无显著差异。石家庄地区小麦的容重显著高于安阳地区，而与新乡地区无显著差异；新乡地区小麦的容重与安阳地区也无显著差异。石家庄地区小麦的籽粒硬度和出粉率均显著高于新乡和安阳地区，而新乡和安阳两地区间小麦的籽粒硬度和出粉率无显著差异。地区之间小麦样品面粉的降落数值无显著差异。2010 年石家庄地区小麦的千粒重较低，籽粒硬度、容重和出粉率较高。

表 5.3　豫北、冀中小麦样品的籽粒品质性状

地区	参数	千粒重/g	容重/(g/L)	籽粒硬度/%	出粉率/%	降落数值/s
新乡	平均值	45.02±4.16a	808±14.50ab	60±6.85b	56.0±3.17b	450±36.21a
(n=20)	变异系数/%	9.23	1.80	8.03	5.67	8.05
安阳	平均值	44.14±4.81a	800±16.26b	60±1.78b	54.4±3.28b	436±63.31a
(n=11)	变异系数/%	10.89	2.03	2.96	6.04	14.51
石家庄	平均值	41.46±3.18b	815±12.67a	64±1.56a	58.6±3.70a	427±51.48a
(n=29)	变异系数/%	7.67	1.56	2.45	6.31	12.07
平均	平均值	43.14±4.13	810±14.79	62±3.49	56.9±3.80	436±49.67
(n=60)	变异系数/%	9.57	1.83	5.64	6.68	11.39

(2) 蛋白质品质

大田采集的 60 份小麦样品的籽粒蛋白质含量平均为(13.78±0.88)%，沉淀值平均为(29.6±5.55)ml，湿面筋含量平均为(27.7±2.92)%，面筋指数平均值为(84±10.48)%。其中，沉淀值、湿面筋含量、面筋指数的变异系数较高，分别为18.75%、10.55%、12.42%(表 5.4)。从不同地区大田小麦样品蛋白质品质性状的变化来看，安阳地区小麦的沉淀值显著低于新乡和石家庄地区，而新乡和石家庄两个地区之间小麦样品的沉淀值无显著差异。石家庄地区小麦的湿面筋含量显著高于新乡和安阳地区，而新乡和安阳两个地区之间小麦的湿面筋含量无显著差异。3 个地区间大田小麦的蛋白质含量和面筋指数无显著差异。

表 5.4　豫北、冀中小麦样品的蛋白质品质

地区	参数	蛋白质含量/%	沉淀值/ml	湿面筋含量/%	面筋指数/%
新乡	平均值	13.47±0.53a	31.0±6.12a	26.4±1.93b	86±10.01a
(n=20)	变异系数/%	3.90	19.73	7.31	11.61
安阳	平均值	13.68±0.66a	24.9±3.09b	26.6±2.02b	80±14.02a
(n=11)	变异系数/%	4.85	12.42	7.60	17.53
石家庄	平均值	14.04±1.08a	30.4±5.03a	29.0±3.23a	85±9.11a
(n=29)	变异系数/%	7.66	16.55	11.13	10.76
平均	平均值	13.78±0.88	29.6±5.55	27.7±2.92	84±10.48
(n=60)	变异系数/%	6.40	18.75	10.55	12.42

(3) 面团流变学特性

① 粉质参数。大田采集的 60 份小麦品种样品的面粉吸水率平均值为(56.3±1.99)%，形成时间平均值为(4.9±5.10)min，稳定时间平均值为(11.4±10.93)min，弱化度平均值为(44±33.92)BU，粉质质量指数平均值为(138±

122.36)mm。其中,形成时间、稳定时间、弱化度和粉质质量指数的变异系数较大,分别为103.57%、95.72%、76.39%、88.84%(表5.5),这说明样品间粉质参数的变化较大。从不同地区大田小麦样品粉质参数的变化来看,面粉吸水率存在显著差异,表现为石家庄地区>新乡地区>安阳地区。新乡地区小麦的面团形成时间和稳定时间均显著大于安阳和石家庄地区,而安阳与石家庄两个地区之间小麦的面团形成时间和稳定时间无显著差异。安阳地区小麦的面团弱化度显著高于新乡和石家庄地区,粉质质量指数显著低于新乡和石家庄地区;新乡与石家庄两个地区之间小麦的面团弱化度和粉质质量指数均无显著差异。总体来看,新乡地区大田小麦的面团加工特性较好。

表5.5　豫北、冀中小麦样品的粉质参数

地区	参数	吸水率/%	形成时间/min	稳定时间/min	弱化度/BU	粉质质量指数/mm
新乡(n=20)	平均值	55.9±2.16b	8.0±7.96a	15.1±12.77a	34±36.15b	188±151.43a
	变异系数/%	3.86	99.22	84.50	105.86	80.38
安阳(n=11)	平均值	54.5±0.90c	2.9±0.66b	5.9±8.13b	75±37.89a	76±87.57b
	变异系数/%	1.66	22.51	137.83	50.58	114.95
石家庄(n=29)	平均值	57.3±1.58a	3.5±0.85b	11.0±9.76ab	40±23.72b	126±98.93ab
	变异系数/%	2.76	24.31	89.13	59.46	78.43
平均(n=60)	平均值	56.3±1.99	4.9±5.10	11.4±10.93	44±33.92	138±122.36
	变异系数/%	3.54	103.57	95.72	76.39	88.84

② 拉伸参数。以135min面团的拉伸参数进行统计分析,大田采集的60份小麦品种样品的拉伸长度平均值为(155±22.14)mm,拉伸阻力平均值为(183±45.90)BU,最大拉伸阻力平均值为(238±81.09)BU,拉伸面积平均值为(51.7±18.15)cm^2。拉伸参数的变异系数较高,表明小麦样品间面团加工特性差异较大(表5.6)。地区之间大田小麦样品的拉伸参数存在显著差异,石家庄地区小麦面团拉伸长度显著大于新乡和安阳地区,新乡地区小麦面团拉伸阻力和最大拉伸阻力显著大于安阳地区,安阳地区小麦面团拉伸面积显著小于新乡和石家庄地区,而新乡与石家庄两个地区之间小麦面团拉伸面积无显著差异。

表 5.6　豫北、冀中小麦样品的拉伸参数

地区	参数	拉伸长度/mm	拉伸阻力/BU	最大拉伸阻力/BU	拉伸面积/cm^2
新乡	平均值	140±12.31b	210±57.79a	269±112.15a	52.0±23.18a
(n=20)	变异系数/%	9.45	27.56	41.63	44.36
安阳	平均值	141±10.13b	166±34.94b	194±46.28b	39.2±6.52b
(n=11)	变异系数/%	7.16	21.01	23.80	16.65
石家庄	平均值	171±19.47a	171±31.25b	233±55.55ab	56.0±15.27a
(n=29)	变异系数/%	11.39	18.25	23.79	27.25
平均	平均值	155±22.14	183±45.90	238±81.09	51.7±18.15
(n=60)	变异系数/%	14.27	25.07	34.03	35.12

从小麦籽粒品质性状来看，石家庄地区小麦的千粒重显著低于新乡和安阳地区，而籽粒硬度和出粉率显著高于新乡和安阳地区；容重显著高于安阳地区，与新乡地区无显著差异。3 个地区相比，石家庄地区小麦的商品粮质量水平较高。从小麦蛋白质品质来看，地区之间小麦的蛋白质含量和面筋指数无显著差异，沉淀值和湿面筋含量差异显著。从面团流变学特性来看，地区之间小麦样品的面团流变学特性存在显著差异。新乡地区小麦的面团形成时间、稳定时间、拉伸阻力和最大拉伸阻力均显著高于安阳和石家庄地区，表明新乡地区大田小麦的面团加工特性较好。

新乡地区采集到的 20 份大田小麦样品中，有 65.0%的小麦样品的面团稳定时间≥7.0min；安阳地区采集到的 11 份大田小麦样品中，有 18.2%的小麦样品的面团稳定时间≥7.0min；石家庄地区采集到的 29 份大田小麦样品中，有 37.9%的小麦样品的面团稳定时间≥7.0min。若同时以容重(≥770g/L)、蛋白质含量(≥14.0%)、湿面筋含量(≥32%)和稳定时间(≥7.0min)4 项指标均达到标准要求为评价依据，新乡、安阳、石家庄 3 个地区的优质强筋小麦比例均为 0。导致这一结果的主要原因是湿面筋含量较低，稳定时间较短或品质性状不协调。仅以面团稳定时间为评价依据，新乡地区 65.0%的小麦样品达到优质强筋小麦 2 级标准(GB/T 17892—1999)，表明新乡地区优质强筋小麦的生产优势比较明显。

2) 小麦品种的籽粒质量

(1) 籽粒品质性状

小麦品种间的籽粒品质性状均存在显著差异(表 5.7)。'矮抗 58'、'良星 99'、'西农 979'和'周麦 16'的千粒重平均值均在 42g 以上，'石新 828'的千粒重最小，平均为(40.29±2.80)g。除'周麦 16'外，其余小麦品种的容重均在 800g/L 以上。小麦品种的籽粒硬度平均值均在 60%以上，其中，'西农 979'的籽粒硬度平均值高达 69%，显著高于其他 5 个品种。除'石新 828'外，其余小麦品种的出粉率

均小于60%。小麦品种间降落数值差异显著。其中,‘西农979’的降落数值最大,平均值为(476±14.55)s;‘衡观35’的降落数值最小,平均值为(389±27.25)s。

表5.7 小麦品种的籽粒品质性状

品种	参数	千粒重/g	容重/(g/L)	籽粒硬度/%	出粉率/%	降落数值/s
矮抗58	平均值	44.66±3.30ab	808±11.18ab	60±1.70c	55.7±3.51b	450±25.26ab
(n=20)	变异系数/%	7.40	1.38	2.83	6.30	5.62
衡观35	平均值	41.21±3.63bc	805±11.55b	60±5.27c	55.0±2.81b	389±27.25c
(n=9)	变异系数/%	8.80	1.43	8.85	5.11	7.01
良星99	平均值	43.88±1.23abc	817±13.15ab	64±0.75b	59.5±1.49a	420±34.61bc
(n=6)	变异系数/%	2.81	1.61	1.17	2.51	8.25
石新828	平均值	40.29±2.80c	820±8.91a	64±1.45b	60.6±2.36a	443±60.11ab
(n=15)	变异系数/%	6.96	1.09	2.25	3.89	13.56
西农979	平均值	43.31±2.11abc	820±5.48a	69±1.15a	55.1±1.99b	476±14.55a
(n=3)	变异系数/%	4.87	0.67	1.68	3.61	3.05
周麦16	平均值	46.65±6.78a	787±15.66c	60±1.72c	54.0±3.72b	440±81.08abc
(n=7)	变异系数/%	14.54	1.99	2.84	6.89	18.44

(2) 蛋白质品质

小麦品种间蛋白质品质性状存在显著差异(表5.8)。‘石新828’和‘衡观35’

表5.8 小麦品种的蛋白质品质

品种	参数	蛋白质含量/%	沉淀值/ml	湿面筋含量/%	面筋指数/%
矮抗58	平均值	13.59±0.62ab	29.4±3.72bc	26.6±1.86ab	86±7.60bc
(n=20)	变异系数/%	4.59	6.99	12.66	8.86
衡观35	平均值	14.08±1.00a	26.0±3.34cd	29.7±3.26a	79±7.02cd
(n=9)	变异系数/%	7.13	11.01	12.86	8.84
良星99	平均值	13.22±0.72ab	26.4±3.06cd	27.2±1.88ab	77±7.51cd
(n=6)	变异系数/%	5.48	6.91	11.59	9.77
石新828	平均值	14.15±1.08a	33.2±4.69b	28.9±3.60a	91±6.58ab
(n=15)	变异系数/%	7.63	12.49	14.14	7.25
西农979	平均值	13.05±0.42b	42.3±1.73a	25.2±3.21b	98±0.66a
(n=3)	变异系数/%	3.18	12.75	4.10	0.67
周麦16	平均值	13.97±0.82ab	24.4±3.25d	27.5±2.33ab	73±15.43d
(n=7)	变异系数/%	5.86	8.47	13.29	21.07

的蛋白质含量较高，平均值分别为(14.15±1.08)%、(14.08±1.00)%；'西农979'的蛋白质含量和湿面筋含量最低，平均值分别为(13.05±0.42)%、(25.2±3.21)%。从湿面筋含量和面筋指数来看，'西农 979'的沉淀值和面筋指数均显著高于其他品种，这表明'西农 979'的面筋筋力较强。'周麦 16'的蛋白质含量较高，但沉淀值和面筋指数较低，面筋筋力较弱。

(3) 面团流变学特性

① 粉质参数。小麦品种间的粉质参数存在显著差异(表 5.9)。'西农 979'的面粉吸水率平均值为(60.2±0.95)%，显著高于其他 5 个小麦品种；'矮抗 58'和'周麦 16'的面粉吸水率最低，平均值均约为 55.0%。'西农 979'的面团稳定时间平均为(33.9±10.89)min，弱化度最低，平均为(16±14.57)BU；'西农 979'面团形成时间、稳定时间、粉质质量指数均显著高于其他 5 个小麦品种，其面筋筋力强，面团加工特性良好，表明'西农 979'属于强筋类型小麦品种。'衡观 35'和'周麦16'的面团稳定时间较短，二者的面团稳定时间平均值均约为 2.8min；弱化度较高，平均值分别为(65±20.97)BU、(98±39.63)BU。从面团粉质质量指数来看，'衡观 35'和'周麦 16'的面团粉质质量指数显著低于其他 4 个小麦品种，分别为(46±9.06)mm、(43±10.81)mm，表明'衡观 35'和'周麦 16'的面筋筋力较弱，属于中筋偏弱类型的小麦品种。

表 5.9　小麦品种的粉质参数

品种	参数	吸水率/%	形成时间/min	稳定时间/min	弱化度/BU	粉质质量指数/mm
矮抗 58 (n=20)	平均值	55.0±1.10c	5.1±4.05b	12.3±10.16bc	34±28.72cd	150±115.51bc
	变异系数/%	2.01	80.14	82.88	83.49	76.93
衡观 35 (n=9)	平均值	58.0±2.20b	2.8±0.36b	2.8±0.73c	65±20.97b	46±9.06d
	变异系数/%	3.79	12.76	26.01	32.21	19.54
良星 99 (n=6)	平均值	57.0±0.74b	2.9±0.60b	5.3±4.43c	48±20.63bc	67±49.52cd
	变异系数/%	1.31	20.77	83.63	42.98	73.55
石新 828 (n=15)	平均值	56.6±1.47bc	4.0±0.79b	17.4±9.46b	25±13.98cd	190±97.99b
	变异系数/%	2.59	19.60	54.31	56.37	51.64
西农 979 (n=3)	平均值	60.2±0.95a	23.7±3.65a	33.9±10.89a	16±14.57d	432±71.08a
	变异系数/%	1.58	15.37	32.08	93.01	16.45
周麦 16 (n=7)	平均值	55.0±1.69c	2.7±0.56b	2.8±1.24c	98±39.63a	43±10.81d
	变异系数/%	3.08	20.39	43.55	40.62	25.40

从粉质参数的变异系数来看，除面粉吸水率外，同一小麦品种的其余粉质参数的变异系数均较大，表明同一小麦品种的不同样品之间，粉质参数的变异程度较

高，其面团流变学特性变化较大。

② 拉伸参数。从表 5.10 分析结果可以看出，拉伸参数在小麦品种间存在显著差异。'石新 828'的面团拉伸长度平均值为(186±10.25)mm，显著高于其他品种；'矮抗 58'的面团拉伸长度平均值为(135±6.44)mm，显著低于其他品种。'西农 979'面团的拉伸阻力、最大拉伸阻力和拉伸面积分别为(315±19.52)BU、(505±45.08)BU、(103.0±13.75)cm^2，显著大于其他小麦品种，而'衡观 35'和'周麦 16'的面团拉伸阻力、最大拉伸阻力和拉伸面积均显著小于其他 4 个小麦品种。

表 5.10 小麦品种的拉伸参数

品种	参数	拉伸长度/mm	拉伸阻力/BU	最大拉伸阻力/BU	拉伸面积/cm^2
矮抗 58 (n=20)	平均值	135±6.44d	197±30.33b	235±39.32b	44.4±5.33cd
	变异系数/%	4.77	15.44	16.72	11.99
衡观 35 (n=9)	平均值	157±15.19bc	139±22.78b	164±26.54c	37.8±5.76de
	变异系数/%	9.67	16.44	16.20	15.25
良星 99 (n=6)	平均值	148±9.24c	198±18.18b	238±25.14b	49.8±6.59c
	变异系数/%	6.24	9.17	10.55	13.21
石新 828 (n=15)	平均值	186±10.25a	178±22.38b	268±39.94b	67.8±9.72b
	变异系数/%	5.51	12.56	14.93	14.33
西农 979 (n=3)	平均值	160±12.49b	315±19.52a	505±45.08a	103.0±13.75a
	变异系数/%	7.81	6.20	8.93	13.35
周麦 16 (n=7)	平均值	147±11.73c	143±33.64b	166±41.93c	35.4±6.40e
	变异系数/%	7.96	23.48	25.24	18.06

被调查地区生产上大面积种植的小麦品种的籽粒品质较好，蛋白质含量较高。方差分析结果表明，小麦品种间品质性状存在显著差异。其中，'西农 979'、'矮抗 58'、'石新 828'等品种的蛋白质含量较高，面团稳定时间平均值均在 7.0min 以上，特别是'西农 979'，面团稳定时间平均长达 33.9min，属于优质强筋类型小麦品种，这 3 个品种可以作为加工强筋粉的小麦原料或者配料。'衡观 35'、'周麦 16'等品种的蛋白质含量较高，但面筋筋力较弱，面团稳定时间平均值均在 3.0min 以下，属于中筋偏弱类型的小麦品种，适宜于生产低筋类型专用粉的配料(表 5.11)。

表 5.11　小麦品种样品的质量分类

品种	项目	容重 (≥770g/L)	蛋白质含量 (≥14.0%)	湿面筋含量 (≥32%)	稳定时间 (≥7.0min)	4 项指标 综合评价
矮抗 58 (n=20)	达标样品数量	20	4	0	13	0
	比例/%	100	20	0	65	0
衡观 35 (n=9)	达标样品数量	9	4	3	0	0
	比例/%	100	44	33	0	0
良星 99 (n=6)	达标样品数量	6	1	0	1	0
	比例/%	100	17	0	17	0
石新 828 (n=15)	达标样品数量	15	9	2	10	0
	比例/%	100	60	13	67	0
西农 979 (n=3)	达标样品数量	3	0	0	3	0
	比例/%	100	0	0	100	0
周麦 16 (n=7)	达标样品数量	6	3	0	0	0
	比例/%	86	43	0	0	0

3）地区间小麦品种的质量性状变化

（1）籽粒品质性状

从不同地区同一小麦品种籽粒品质性状的变化来看（表 5.12），在新乡和安阳两个地区之间，‘矮抗 58’的籽粒性状均无显著差异；新乡、安阳和石家庄 3 个地区相比，‘矮抗 58’的籽粒硬度存在显著差异，千粒重、容重和降落数值无显著差异。‘衡观 35’的籽粒性状在不同地区之间无显著差异。

表 5.12　地区间小麦品种籽粒品质性状

品种	地区	千粒重/g	容重/(g/L)	籽粒硬度/%	出粉率/%	降落数值/s
矮抗 58	新乡(n=13)	44.87±2.73a	808±8.81a	60±1.33b	56.3±3.67a	459±25.51a
	安阳(n=5)	43.43±5.09a	810±17.67a	60±1.87b	54.8±2.37a	435±14.42a
	石家庄(n=2)	46.38±0.25a	807±13.08a	63±0.00a	53.4±2.43a	428±20.86a
衡观 35	新乡(n=3)	43.00±4.32a	810±3.21a	55±7.81a	55.9±2.72a	385±19.97a
	石家庄(n=6)	40.32±3.27a	802±13.56a	62±1.17a	54.5±2.96a	391±31.80a

（2）蛋白质品质

从不同地区同一小麦品种蛋白质品质性状的变化来看（表 5.13），在新乡和安阳两个地区之间，‘矮抗 58’的蛋白质品质无显著差异；新乡和石家庄两个地区相比，‘矮抗 58’的蛋白质含量、沉淀值和湿面筋含量等性状的差异均达到 5%显著水平。‘衡观 35’的蛋白质品质在不同地区之间均无显著差异。

表 5.13　地区间小麦品种的蛋白质品质

品种	地区	蛋白质含量/%	沉淀值/ml	湿面筋含量/%	面筋指数/%
矮抗 58	新乡(*n*=13)	13.46±0.46b	30.5±3.19ab	26.3±1.34b	87±6.59a
	安阳(*n*=5)	13.47±0.38b	25.9±2.66b	26.0±1.77b	86±10.34a
	石家庄(*n*=2)	14.80±1.05a	31.3±5.30a	30.3±1.21a	78±2.11a
衡观 35	新乡(*n*=3)	13.57±0.46a	23.7±2.84a	27.0±2.10a	79±7.40a
	石家庄(*n*=6)	14.33±1.14a	27.2±3.13a	31.0±2.98a	80±7.51a

(3) 面团流变学特性

① 粉质参数。从不同地区同一小麦品种粉质参数的变化来看(表 5.14),小麦品种的面粉吸水率均存在显著差异,说明面粉吸水率对环境条件的变化较为敏感。除面粉吸水率外,小麦品种的其余粉质参数在不同地区之间均无显著差异。

表 5.14　地区间小麦品种的粉质参数

品种	地区	吸水率/%	形成时间/min	稳定时间/min	弱化度/BU	粉质质量指数/mm
矮抗 58	新乡(*n*=13)	54.8±0.57b	6.1±4.72a	14.6±9.84a	22±14.28a	178±115.07a
	安阳(*n*=5)	54.4±0.67b	3.1±0.75a	9.4±11.66a	60±43.29a	115±124.74a
	石家庄(*n*=2)	57.7±0.71a	3.1±0.85a	4.0±0.92a	49±7.07a	60±12.73a
衡观 35	新乡(*n*=3)	55.8±2.07b	2.5±0.30a	2.8±0.64a	62±20.82a	43±9.54a
	石家庄(*n*=6)	59.1±1.28a	3.0±0.29a	2.8±0.82a	67±22.88a	48±9.21a

从面团稳定时间的数值来看,地区间‘矮抗 58’变化较大,但方差分析的结果显示,不同地区间面团稳定时间无显著差异($P<0.05$),这主要是由于同一地区内小麦样品的稳定时间变幅较大。

② 拉伸参数。从不同地区同一小麦品种的拉伸参数的变化来看(表 5.15),在新乡和安阳两个地区之间,‘矮抗 58’的拉伸参数中除拉伸面积外,均无显著差异;新乡和石家庄两个地区相比,‘矮抗 58’的拉伸参数均存在显著差异。在不同地区之间,‘衡观 35’的拉伸参数均无显著差异。

表 5.15　地区间小麦品种的拉伸参数

品种	地区	拉伸长度/mm	拉伸阻力/BU	最大拉伸阻力/BU	拉伸面积/cm^2
矮抗 58	新乡(*n*=13)	132±3.38b	209±21.03a	251±27.70a	46.2±4.47a
	安阳(*n*=5)	137±6.38b	186±28.82a	220±40.54a	42.6a±5.18b
	石家庄(*n*=2)	149±3.54a	144±28.99b	172±38.18b	37.5±6.36b
衡观 35	新乡(*n*=3)	145±15.01a	144±11.59a	163±10.97a	35.3±3.51a
	石家庄(*n*=6)	163±12.41a	136±27.44a	164±32.84a	39.0±6.54a

从不同地区同一小麦品种的品质性状变化来看，在新乡和安阳两地区之间，'矮抗 58'的所有品质性状均无显著差异；在新乡和石家庄两个地区之间，'矮抗 58'的籽粒硬度、蛋白质含量、湿面筋含量、面粉吸水率、面团拉伸长度、拉伸阻力、最大拉伸阻力和拉伸面积均存在显著差异。'衡观 35'的面粉吸水率差异显著。新乡和安阳在品种品质类型上应属于同一质量生态亚区；而新乡和石家庄地区在部分品种品质性状上已有明显的差异。研究发现，地区间同一小麦品种的面粉吸水率均有显著差异，说明面粉吸水率可能对环境条件的变化极为敏感。

5.1.4　讨论

从被调查到的小麦品种品质性状来看，生产上 6 个主栽小麦品种的籽粒容重高，其平均值均大于 770g/L；蛋白质含量较高；品种间品质性状差异显著。'西农 979'的容重[(820±5.48)g/L]、沉淀值[(42.3±1.73)ml]、稳定时间[(33.9±10.89)min]等品质性状明显优于其他 5 个品种。'周麦 16'蛋白质含量较高[(13.97±0.82)%]，但容重、稳定时间均低于其他 5 个品种。从同一品种在不同区域的品质性状变化来看，新乡和安阳两个地区之间，'矮抗 58'的所有品质性状均无显著差异；新乡和石家庄两个地区之间，'矮抗 58'的籽粒硬度、蛋白质含量、湿面筋含量、面粉吸水率、面团拉伸长度、拉伸阻力、最大拉伸阻力和拉伸面积均存在显著差异；'衡观 35'的面粉吸水率也存在显著差异。说明新乡和石家庄地区在部分品种品质性状上已有明显的差异，上述品质性状的变化可能与区域间气候因素的变化有关。

大田小麦样品品质分析结果表明，小麦籽粒产品的容重较高，3 个地区小麦的容重平均值均在 800g/L 以上。区域之间小麦的蛋白质含量无显著差异，这可能与目前生产上使用的小麦品种的蛋白质含量较高、品种之间蛋白质含量差异不大有关。不同地区小麦的湿面筋含量和面团流变学特性等品质性状差异显著。石家庄地区小麦的湿面筋含量显著高于新乡和安阳地区，新乡地区小麦的面团流变学特性明显好于安阳和石家庄地区。分析认为，这主要与生产上种植的小麦品种品质特性有关。3 个地区相比，新乡地区生产上种植的小麦以'矮抗 58'、'西农 979'等中、强筋小麦品种为主，面筋筋力较强，面团加工特性较好；安阳地区生产上种植的小麦以'周麦 16'等中、弱筋小麦品种为主，面筋筋力较弱，面团加工特性较差；石家庄地区生产上种植的小麦品种以'石新 828'、'良星 99'等中筋小麦为主，面筋筋力处于中等强度水平，面团加工特性一般。参照优质强筋小麦标准 GB/T 17892—1999，仅以面团稳定时间为评价依据，新乡、安阳、石家庄 3 个地区的优质强筋小麦比例分别为 65.0%、18.2%、37.9%。若以容重(≥770g/L)、蛋白质含量(≥14.0%)、湿面筋含量(≥32%)和稳定时间(≥7.0min)同时达到为标准，新乡、安阳、石家庄 3 个地区生产上未发现优质强筋小麦品种样品。导致这一结果的主要原因是湿面筋含量较低，面团稳定时间较短，或品质亚性状间均衡性较差。

5.1.5　小结

① 黄淮冬麦区豫北和冀中地区农户大田小麦品种的单产水平较高，平均为(506±85.16)公斤/亩，个别采样点小麦单产水平高达 739 公斤/亩；同一小麦品种在不同采样点间的单产水平相差高达 450 公斤/亩。小麦单产水平还有较大的提升空间。

② 生产上被调查到的 6 个主要小麦品种的千粒重平均值为(43.14±4.13)g，容重平均值为(810±14.79)g/L，蛋白质含量平均值为(13.78±0.88)%，湿面筋含量平均值为(29.6±5.55)%，面团稳定时间平均值为(11.4±10.93)min。总体来看，农户大田小麦品种的千粒重、容重较高，蛋白质含量较高，面团筋力较强，但湿面筋含量不能满足优质小麦的要求。

③ 仅以面团稳定时间≥7.0min 为评价依据，有 45%小麦品种样品能够满足加工强筋或中强筋面粉对小麦籽粒品质的要求；若同时以容重(≥770g/L)、蛋白质含量(≥14.0%)、湿面筋含量(≥32%)和稳定时间(≥7.0min)4 项指标为评价依据，生产上未发现优质强筋小麦样品。

④ 小麦品种间品质性状差异显著。'西农 979'、'矮抗 58'、'石新 828'等品种的面团稳定时间较长，特别是'西农 979'，面团稳定时间平均长达 33.9min，属于优质强筋类型小麦品种，可作为加工高筋粉的小麦原料或者配料，但湿面筋含量较低。'衡观 35'、'周麦 16'等品种的面筋筋力较弱，面团稳定时间平均值均在 3.0min 以下，属于中筋偏弱类型的小麦品种，可作为生产低筋类型专用粉的配料。

⑤ 地区之间小麦品质存在显著差异。石家庄地区小麦籽粒性状显著优于新乡和安阳地区；新乡地区小麦的面团流变学特性显著优于安阳和石家庄地区。依据优质强筋小麦标准 GB/T 17892—1999，仅以面团稳定时间(≥7.0min)为评价依据，新乡地区优质强筋小麦比例最高，为 65.0%，石家庄地区为 37.9%，安阳地区为 18.2%。若以容重(≥770g/L)、蛋白质含量(≥14.0%)、湿面筋含量(≥32%)和稳定时间(≥7.0min)同时达到标准进行判断，新乡、安阳、石家庄 3 个地区的优质强筋小麦样品比例均为 0。

5.2　影响小麦籽粒质量的因素分析

5.2.1　引言

探讨生产上影响小麦籽粒质量性状变异的主要原因，确定生产上影响小麦籽粒质量的关键因素及其作用大小，对小麦品种的品质改良、优质高效栽培、优质小麦生产基地建设具有一定的参考或指导意义。

前人研究认为，小麦籽粒品质同时受基因型和环境的影响（康立宁等，2003；Zhu et al.，1995；Peterson et al.，1992）。不同小麦品种由于受遗传基因的控制，籽粒品质性状存在明显差异（李元清等，2008；Souza et al.，2004；Bergman et al.，1998）。随着环境条件的变化，小麦品种籽粒品质性状也会表现出明显变化（张艳等，1999）。研究表明，同一品种在不同地域、不同年份种植，其品质性状存在显著差异，蛋白质含量差异可达5%以上（荆奇等，1999；Robert et al.，1996）。目前，国内外学者普遍采用设计田间试验的方法，通过多年、多点、多品种的种植，研究某一个或几个影响因素对小麦籽粒质量的影响，这些研究结论对优质小麦生产起到了一定的指导作用。

在实际生产过程中，影响小麦籽粒质量变化的因素较为复杂，不同因素的交互作用对小麦籽粒质量性状也有重要影响；加上不同地区小麦品种类型有一定的差异，很难用一组品种覆盖所有地区，用以研究生态条件对籽粒品质的影响。因此，目前尚缺乏不同生态地区或亚生态区尺度上，针对实际生产现状，研究影响小麦籽粒品质性状变化的因素。为此，本研究以黄淮冬麦区（豫北地区、冀中地区）农户田间大面积推广种植的小麦品种为材料，在调查分析小麦产量和籽粒质量性状的基础上，结合各采样点的气候、土壤、栽培措施等因素，采用基本统计量分析、方差分析等方法，分层次分析生产上小麦籽粒质量性状变异的主要来源，确定生产上影响小麦籽粒质量性状变化的主要因素，以及各主要因素的作用大小。

5.2.2　材料与方法

1. 供试材料

供试材料来源同本章5.1。采集到小麦样品的品种构成为：‘矮抗58’（20份）、‘周麦16’（7份）、‘西农979’（3份）、‘衡观35’（9份）、‘石新828’（15份）和‘良星99’（6份）。

在大田小麦样品的采集过程中，现场调查被采样农户大田小麦栽培管理信息，包括小麦品种及品种来源、种植面积、播种日期、播种量、小麦全生育期内灌水次数及灌水日期、施肥量及种类等；采集对应点大田的土壤样品，分析并记录采样点土壤类型（图5.2）。各采样点小麦全生育期内的气象资料（日均气温、积温、降水量、日照时数，5月日均气温、降水量、日照时数等）由中国气象局国家气象信息中心提供。

品种名称:	农户姓名:
采样地点:	种子来源:
种植面积:	播种日期:
播种方式:	播种量:
灌水日期:	灌水量:
施肥量:	土壤类型:
收获日期:	遭受灾害情况:
GPS定位:	联系电话:
备注:	

图 5.2　农户大田小麦品种样品信息标签

2. 品质分析方法

参照第 4 章 4.1 中的小麦品质分析方法。分析的品质性状包括千粒重、容重、籽粒硬度、降落数值、出粉率、蛋白质含量、沉淀值、湿面筋含量、面筋指数及面团流变学特性(粉质参数和拉伸参数)。

3. 分析方法与数据处理

参考层次分析法的思路建立影响小麦籽粒品质性状的结构模型,根据采集到的数据信息,将考察的各个因素按照不同属性自上而下分解成 3 个层次(图 5.3)。

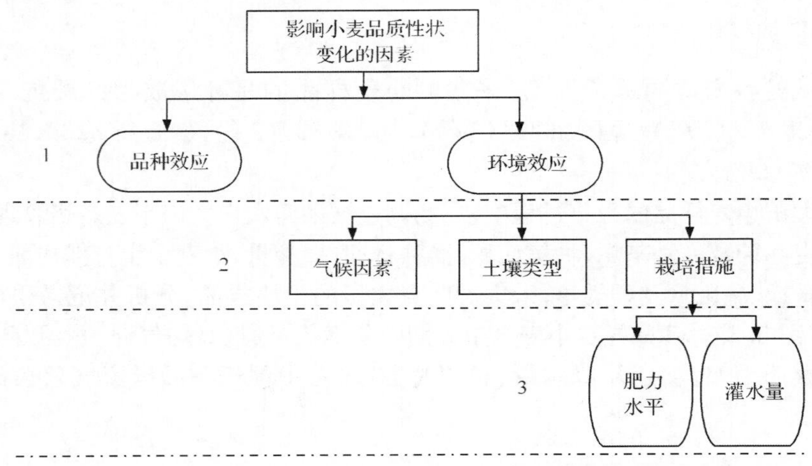

图 5.3　影响小麦籽粒品质性状的因素及结构分析模型

① 将影响小麦籽粒品质性状的因素分为品种(遗传)和环境(地点)两种固定效应,考虑到小麦籽粒品质性状还受品种×环境互作效应影响,可将小麦籽粒品质性状的总变异分解为品种效应、环境效应、品种×环境互作效应及随机误效应 4 部分,表达公式为

$$\delta_T^2 = \delta_G^2 + \delta_E^2 + \delta_{G\times E}^2 + \delta_{e0}^2$$

其中,δ_T^2 表示小麦籽粒品质性状的总变异,δ_G^2 表示品种效应决定的变异,δ_E^2 表示环境效应引起的变异,$\delta_{G\times E}^2$ 表示品种×环境互作效应引起的变异,δ_{e0}^2 表示随机误效应。

品种和环境效应对小麦品质性状的影响采用 SAS V8 统计分析软件中的 ANOVA General Linear Model 程序进行分析;采用 Duncan multiple comparison 法比较品种间和地点间小麦籽粒品质性状的差异显著性,检验水平为 $P<0.05$。根据方差分析结果,计算出品种效应、环境效应和品种×环境互作效应所导致的小麦品质性状变异在小麦籽粒品质性状总变异中所占比例。

② 根据生产调查分析,将影响小麦籽粒品质性状的环境因素进一步分解为气候因素、土壤类型和栽培措施 3 种固定效应,并调查搜集相关数据信息。根据地区间气候差异(5 月的日均气温、日均最高气温和日照时数,以及小麦全生育期的日照时数),将气候因素定义为 3 个水平(新乡为 A、安阳为 B、石家庄为 C)。根据土壤质地将土壤类型分为砂壤、轻壤和重壤 3 种。栽培措施的分类根据大田灌水次数(1~5 次)和施氮肥量(30 公斤/亩以下、30~60 公斤/亩、60~90 公斤/亩、90 公斤/亩以上)的不同组合进行定义:灌水 1 次并施氮肥 30 公斤/亩以下的组合定义为水平 1,灌水 2 次并施氮肥 30 公斤/亩以下的组合定义为水平 2,以此类推;共分为 14 个水平。将小麦籽粒品质性状的环境总变异分解为气候因素、土壤类型、栽培措施及各因素的互作和随机误效应 7 部分,由环境效应引起的小麦籽粒品质性状变异 δ_E^2 可用以下公式表示:

$$\delta_E^2 = \delta_{CF}^2 + \delta_{ST}^2 + \delta_{CM}^2 + \delta_{CF\times ST}^2 + \delta_{CF\times CM}^2 + \delta_{ST\times CM}^2 + \delta_{e1}^2$$

其中,δ_{CF}^2 表示气候因素变化引起的变异,δ_{ST}^2 表示土壤类型变化引起的变异,δ_{CM}^2 表示栽培措施变化引起的变异,$\delta_{CF\times ST}^2$ 表示气候因素×土壤类型互作效应引起的变异,$\delta_{CF\times CM}^2$ 表示气候因素×栽培措施互作效应引起的变异,$\delta_{ST\times CM}^2$ 表示土壤类型×栽培措施互作效应引起的变异,δ_{e1}^2 表示随机误效应。

根据以上方差分析结果,计算出气候、土壤类型和栽培措施等因素所导致的小麦品质性状变异在小麦籽粒品质性状的环境变异中所占比例。

③ 根据生产调查和实际状况,将影响小麦籽粒品质性状的栽培措施进一步分解为灌水量(次数)和肥力水平(施肥量)两种固定效应,考虑到小麦品质性状受肥水互作效应影响,将小麦籽粒品质性状因栽培措施变化而引起的总变异分解为灌水量、肥力水平、肥水互作及随机误效应 4 部分。因栽培措施变化引起的小麦籽粒

品质性状变异 δ^2_{CM} 可用以下公式表示：

$$\delta^2_{CM}=\delta^2_{IT}+\delta^2_{FR}+\delta^2_{IT\times FR}+\delta^2_{e2}$$

其中，δ^2_{IT} 表示灌水量变化引起的变异，δ^2_{FR} 表示肥力水平变化引起的变异，$\delta^2_{IT\times FR}$ 表示肥水互作效应引起的变异，δ^2_{e2} 表示随机误效应。

根据以上方差分析结果，计算出灌水量、肥力水平和肥水互作效应导致的小麦品质性状变异在因栽培措施变化引起的小麦品质性状变异中所占比例。

④ 以此为基础，计算各影响因素导致的小麦籽粒品质性状变异在总变异中所占的比例。具体方法如下。

品种效应决定的籽粒品质性状变异占总变异比例：

$$G\%=\delta^2_{G}/\delta^2_{T}\times 100\%$$

环境效应引起的籽粒品质性状变异占总变异比例：

$$E\%=\delta^2_{E}/\delta^2_{T}\times 100\%$$

品种×环境互作效应导致的籽粒品质性状变异占总变异比例：

$$(G\times E)\%=\delta^2_{G\times E}/\delta^2_{T}\times 100\%$$

气候因素变化导致的籽粒品质性状变异占总变异比例：

$$CF\%=(\delta^2_{CF}/\delta^2_{E}\times 100\%)\times E\%$$

土壤类型变化导致的籽粒品质性状变异占总变异比例：

$$ST\%=(\delta^2_{ST}/\delta^2_{E}\times 100\%)\times E\%$$

栽培措施变化导致的籽粒品质性状变异占总变异比例：

$$CM\%=(\delta^2_{CM}/\delta^2_{E}\times 100\%)\times E\%$$

气候因素×土壤类型互作效应导致的籽粒品质性状变异占总变异比例：

$$(CF\times ST)\%=(\delta^2_{CF\times ST}/\delta^2_{E}\times 100\%)\times E\%$$

气候因素×栽培措施互作效应导致的籽粒品质性状变异占总变异比例：

$$(CF\times CM)\%=(\delta^2_{CF\times CM}/\delta^2_{E}\times 100\%)\times E\%$$

土壤因素×栽培措施互作效应导致的籽粒品质性状变异占总变异比例：

$$(ST\times CM)\%=(\delta^2_{ST\times CM}/\delta^2_{E}\times 100\%)\times E\%$$

肥力水平变化导致的籽粒品质性状变异占总变异比例：

$$FR\%=[(\delta^2_{FR}/\delta^2_{CM}\times 100\%)\times CM\%]\times E\%$$

灌水量变化导致的籽粒品质性状变异占总变异比例：

$$IT\%=[(\delta^2_{IT}/\delta^2_{CM}\times 100\%)\times CM\%]\times E\%$$

肥水互作效应导致的籽粒品质性状变异占总变异比例：

$$(IT\times FR)\%=[(\delta^2_{IT\times FR}/\delta^2_{CM}\times 100\%)\times CM\%]\times E\%$$

本章数据表格处理采用 Excel2007。

5.2.3　小麦籽粒品质性状的变异来源分析

1. 表型变异来源分析

1）籽粒品质性状

将籽粒性状的品种、环境及品种×环境互作效应的均方值(σ^2值)和所占总变异的百分比列于表5.16。从分析结果可以看出，籽粒性状受品种遗传特性决定的变异均达到极显著水平；千粒重、容重、籽粒硬度等品质性状由环境效应引起的变异也达到了显著或极显著水平；千粒重和容重还存在显著的品种×环境互作效应。就千粒重而言，环境效应均方值所占的百分比(40.2%)大于品种及品种×环境互作效应均方值所占的百分比，说明千粒重受环境效应影响较大。对于容重、籽粒硬度、出粉率和降落数值来讲，品种效应均方值所占的百分比均超过了50%，明显大于环境及品种×环境互作效应均方值所占的百分比，说明这4项指标的变异主要受品种遗传特性的控制。

表5.16　籽粒品质性状的变异来源分析

变异来源	参数	千粒重/g	容重/(g/L)	籽粒硬度/%	出粉率/%	降落数值/s
品种效应	σ^2值	59.928**	1020.726**	65.270**	44.393**	5408.049*
	占总变异比例/%	28.5	52.8	55.5	71.1	61.8
环境效应	σ^2值	84.447**	407.654*	41.834**	7.522	480.383
	占总变异比例/%	40.2	21.1	35.6	12.0	5.5
品种×环境互作效应	σ^2值	55.068**	388.554*	6.107	1.479	639.305
	占总变异比例/%	26.2	20.1	5.2	2.4	7.3
随机误效应	σ^2值	10.672	115.853	4.322	9.055	2223.273
	占总变异比例/%	5.1	6.0	3.7	14.5	25.4

** 表示1%显著水平，* 表示5 %显著水平。下同

2）蛋白质品质性状

将蛋白质品质性状的品种、环境及品种×环境互作效应的均方值和所占总变异的百分比列于表5.17。从分析结果可以看出，蛋白质含量、沉淀值和面筋指数等品质性状受品种遗传特性决定的变异达到了显著或极显著水平；蛋白质含量和湿面筋含量等品质性状由环境效应引起的变异达到了显著水平；蛋白质品质各性状受品种×环境互作效应的影响不显著。对于蛋白质含量和湿面筋含量而言，环境效应均方值所占的百分比大于品种及品种×环境互作效应均方值所占的百分比，说明二者受环境因素变化的影响较大。对于沉淀值、面筋指数而言，品种均方值所占的百分比大于环境及品种×环境互作效应均方值所占的百分比，说明品种

遗传特性决定的变异较大。沉淀值、面筋指数由品种遗传特性决定的变异在总变异中所占比例分别为77.6%、63.7%。

表 5.17 蛋白质品质性状的变异来源分析

变异来源	参数	蛋白质含量/%	沉淀值/ml	湿面筋含量/%	面筋指数/%
品种效应	σ^2值	1.649*	168.897**	13.709	530.188**
	占总变异比例/%	33.1	77.6	25.1	63.7
环境效应	σ^2值	2.283*	30.211	31.666*	103.332
	占总变异比例/%	45.8	13.9	58.0	12.4
品种×环境	σ^2值	0.378	5.319	2.577	129.815
互作效应	占总变异比例/%	7.6	2.4	4.7	15.6
随机误效应	σ^2值	0.675	13.277	6.676	69.603
	占总变异比例/%	13.5	6.1	12.2	8.4

3）面团流变学特性

（1）粉质参数

将粉质参数的品种、环境及品种×环境互作效应的均方值和所占总变异的百分比列于表5.18。从分析结果可以看出，粉质参数受品种遗传特性决定的变异均达到极显著水平；面粉吸水率由环境效应引起的变异达到极显著水平；弱化度还存在极显著的品种×环境互作效应。就面粉吸水率而言，环境效应均方值所占的百分比大于品种及品种×环境互作效应均方值所占的百分比，说明该性状受环境因素变化的影响较大。对于形成时间、稳定时间、弱化度和粉质质量指数来讲，由品种遗传特性决定的变异在总变异中所占比例分别为91.1%、78.2%、53.2%、79.6%，明显大于环境及品种×环境互作效应均方值所占的百分比，说明这4项指标主要受品种遗传特性控制。

表 5.18 粉质参数的变异来源分析

变异来源	参数	吸水率/%	形成时间/min	稳定时间/min	弱化度/BU	粉质质量指数/mm
品种效应	σ^2值	17.717**	178.733**	615.817**	6 032.190**	79 681.217**
	占总变异比例/%	40.2	91.1	78.2	53.2	79.6
环境效应	σ^2值	21.593**	2.503	40.537	451.641	4 493.53
	占总变异比例/%	48.9	1.3	5.1	4.0	4.5
品种×环境	σ^2值	3.538	8.784	64.89	4 382.273**	8 334.875
互作效应	占总变异比例/%	8.0	4.5	8.2	38.6	8.3
随机误效应	σ^2值	1.279	6.196	66.109	472.863	7 586.645
	占总变异比例/%	2.9	3.2	8.4	4.2	7.6

(2) 拉伸参数

将拉伸参数的品种、环境及品种×环境互作效应的均方值和所占总变异的百分比列于表 5.19。从分析结果可以看出，拉伸参数受品种遗传特性决定的变异均达到极显著水平；拉伸长度和拉伸阻力由环境效应引起的变异达到显著水平；拉伸阻力和最大拉伸阻力还存在显著的品种×环境互作效应。在拉伸参数各性状的总变异中，品种效应均方值所占的百分比均大于环境及品种×环境互作效应均方值所占的百分比，由品种遗传特性决定的变异在总变异中所占比例均大于 70%，说明拉伸参数主要受品种遗传特性的控制。

表 5.19　拉伸参数的变异来源分析

变异来源	参数	拉伸长度/mm	拉伸阻力/BU	最大拉伸阻力/BU	拉伸面积/cm^2
品种效应	σ^2值	1 954.058**	14 771.515**	55 586.615**	2 744.940**
	占总变异比例/%	75.2	72.1	86.8	94.1
环境效应	σ^2值	440.989*	2 321.064*	2 555.166	18.817
	占总变异比例/%	17.0	11.3	4.0	0.6
品种×环境互作效应	σ^2值	116.99	2 844.959**	4 680.891*	98.683
	占总变异比例/%	4.5	13.9	7.3	3.4
随机误效应	σ^2值	88.157	562.007	1 221.94	55.093
	占总变异比例/%	3.4	2.7	1.9	1.9

综上所述，除沉淀值外，其余品质性状由品种遗传特性决定的变异均达到显著或极显著水平；千粒重、容重、籽粒硬度、蛋白质含量、湿面筋含量、面粉吸水率、面团拉伸长度和拉伸阻力等品质性状由环境效应引起的变异达到了显著或极显著水平；千粒重、容重、弱化度、拉伸阻力和最大拉伸阻力等品质性状还存在显著或极显著的品种×环境互作效应。对籽粒硬度、出粉率、降落数值、沉淀值、面筋指数、面团流变学特性(吸水率除外)等品质性状而言，品种遗传特性决定的变异在总变异中的比例均超过了 50%。其中，沉淀值、面筋指数、粉质参数(弱化度除外)、拉伸参数(拉伸阻力除外)等品质性状由品种遗传特性决定的变异在总变异中所占的比例均超过 75%。这一结果说明，上述品质性状主要受品种遗传特性决定。对于千粒重、蛋白质含量、湿面筋含量和面粉吸水率来讲，由环境效应引起的变异程度大于品种及品种×环境互作效应，说明这些品质性状易受环境因素变化的影响。

2. 环境效应变异来源分析

1) 籽粒品质性状

从表 5.20 分析结果可以看出，在本研究的范围内，容重、出粉率、降落数值等品质性状由气候变化引起的变异达到了极显著水平；降落数值还存在极显著的土壤类型×栽培措施互作效应。就容重和出粉率而言，气候因素均方值所占的百分比分别为 61.2%、53.3%，明显高于土壤类型及栽培措施，说明气候变化是影响容重和出粉率的主要环境因素。对于降落数值来讲，气候因素和土壤类型×栽培措施互作效应均方值所占百分比分别为 21.1%、29.5%，明显高于其他环境效应的影响作用。

表 5.20 籽粒品质性状的环境变异分析

变异来源	参数	千粒重/g	容重/(g/L)	籽粒硬度/%	出粉率/%	降落数值/s
气候因素	σ^2值	42.173	1584.582**	29.917	74.726**	4074.201**
	占环境总变异比例/%	28.7	61.2	38.4	53.3	21.1
土壤类型	σ^2值	8.313	248.280	2.575	12.650	57.153
	占环境总变异比例/%	5.7	9.6	3.3	9.0	0.3
栽培措施	σ^2值	11.346	146.225	4.629	21.210	1939.934
	占环境总变异比例/%	7.7	5.6	5.9	15.1	10.0
气候因素×土壤类型互作效应	σ^2值	37.016	178.634	0.643	4.863	3577.580
	占环境总变异比例/%	25.2	6.9	0.8	3.5	18.5
气候因素×栽培措施互作效应	σ^2值	10.413	44.919	10.815	12.776	2950.857
	占环境总变异比例/%	7.1	1.7	13.9	9.1	15.3
土壤类型×栽培措施互作效应	σ^2值	18.965	95.696	9.997	6.621	5697.786**
	占环境总变异比例/%	12.9	3.7	12.8	4.7	29.5
随机误效应	σ^2值	18.884	292.627	19.309	7.238	1031.701
	占环境总变异比例/%	12.8	11.3	24.8	5.2	5.3

2）蛋白质品质性状

从表 5.21 分析结果可以看出，在本研究的范围内，蛋白质含量和湿面筋含量因栽培措施不同而引起的变异达到了显著水平，这表明栽培措施对小麦蛋白质含量和湿面筋含量的影响较大。

3）面团流变学特性

（1）粉质参数

从表 5.22 分析结果可以看出，在本研究的范围内，粉质参数的各项指标因环境因素的变化而引起的变异均未达到显著水平。

表 5.21　蛋白质品质性状的环境变异分析

变异来源	参数	蛋白质含量/%	沉淀值/ml	湿面筋含量/%	面筋指数/%
气候因素	σ^2值	0.591	24.866	0.746	9.023
	占环境总变异比例/%	12.4	6.2	2.1	1.3
土壤类型	σ^2值	0.947	42.976	4.737	35.576
	占环境总变异比例/%	19.9	10.8	13.6	5.2
栽培措施	σ^2值	1.294*	34.098	12.474*	53.936
	占环境总变异比例/%	27.2	8.5	35.8	7.9
气候因素×土壤类型互作效应	σ^2值	0.477	2.838	4.962	182.563
	占环境总变异比例/%	10.0	0.7	14.2	26.8
气候因素×栽培措施互作效应	σ^2值	0.365	25.824	2.142	119.256
	占环境总变异比例/%	7.7	6.5	6.1	17.5
土壤类型×栽培措施互作效应	σ^2值	0.525	237.417	5.525	91.691
	占环境总变异比例/%	11.1	59.5	15.9	13.5
随机误效应	σ^2值	0.550	31.178	4.251	189.581
	占环境总变异比例/%	11.6	7.8	12.2	27.8

表 5.22　粉质参数的环境变异分析

变异来源	参数	吸水率/%	形成时间/min	稳定时间/min	弱化度/BU	粉质质量指数/mm
气候因素	σ^2值	5.650	42.204	175.789	2 683.305	19 399.753
	占环境总变异比例/%	19.0	25.3	20.8	38.9	19.1
土壤类型	σ^2值	7.559	15.212	11.996	9.016	122.770
	占环境总变异比例/%	25.4	9.1	1.4	0.1	0.1
栽培措施	σ^2值	2.948	17.503	126.290	547.576	15 327.192
	占环境总变异比例/%	9.9	10.5	15.0	7.9	15.1
气候因素×土壤类型互作效应	σ^2值	0.926	0.209	100.034	882.036	10 848.500
	占环境总变异比例/%	3.1	0.1	11.8	12.8	10.7
气候因素×栽培措施互作效应	σ^2值	5.907	27.255	141.673	355.737	18 561.760
	占环境总变异比例/%	19.8	16.3	16.8	5.2	18.3
土壤类型×栽培措施互作效应	σ^2值	3.849	29.431	182.259	721.104	23 317.092
	占环境总变异比例/%	12.9	17.6	21.6	10.5	23.0
随机误效应	σ^2值	2.963	35.291	106.176	1 690.363	13 911.515
	占环境总变异比例/%	9.9	21.1	12.6	24.5	13.7

(2) 拉伸参数

从表 5.23 分析结果可以看出，在本研究的范围内，仅拉伸长度因气候变化引起的变异达到了 1%显著水平。在拉伸长度的环境变异中，气候因素的均方值所占的百分比为 54.0%，明显高于栽培措施和土壤类型，这表明气候是影响面团拉伸长度的主要环境因素。

表 5.23 拉伸参数的环境变异分析

变异来源	参数	拉伸长度/mm	拉伸阻力/BU	最大拉伸阻力/BU	拉伸面积/cm^2
气候因素	σ^2值	1 413.437**	5 031.094	14 320.289	773.364
	占环境总变异比例/%	54.0	37.1	26.9	27.4
土壤类型	σ^2值	30.272	564.049	5 794.816	286.779
	占环境总变异比例/%	1.2	4.2	10.9	10.2
栽培措施	σ^2值	290.155	1 407.922	3 882.287	175.748
	占环境总变异比例/%	11.1	10.4	7.3	6.2
气候因素×土壤类型互作效应	σ^2值	154.821	81.696	1 107.161	112.821
	占环境总变异比例/%	5.9	0.6	2.1	4.0
气候因素×栽培措施互作效应	σ^2值	300.470	1 543.906	9 542.686	575.153
	占环境总变异比例/%	11.5	11.4	17.9	20.4
土壤×栽培措施互作效应	σ^2值	225.439	1 913.563	9 687.488	537.893
	占环境总变异比例/%	8.6	14.1	18.2	19.0
随机误效应	σ^2值	201.230	3 017.701	8 857.279	362.853
	占环境总变异比例/%	7.7	22.3	16.7	12.8

综上所述，在本研究的范围内，小麦的容重、出粉率、降落数值和拉伸长度等品质性状由气候因素引起的变异均达到极显著水平，降落数值还存在极显著的土壤类型×栽培措施互作效应；蛋白质含量和湿面筋含量等品质性状因栽培措施的变化引起的变异达到显著水平。从气候、栽培措施和土壤类型等因素引起小麦籽粒品质性状的变异在环境总变异中所占的比例大小来看，容重、出粉率和拉伸长度等品质性状因气候变化而引起的变异在小麦籽粒品质性状的环境总变异中所占比例较高，均在 50%以上，表明气候是影响容重、出粉率和拉伸长度的主要环境因素。

3. 栽培措施变异来源分析

1) 籽粒品质性状

从表 5.24 分析结果可以看出，籽粒性状由于肥力水平、灌水量的变化所引起的变异不显著，肥水互作效应对籽粒性状的影响也不显著。

表 5.24　籽粒品质性状的栽培措施变异来源分析

变异来源	参数	千粒重/g	容重/(g/L)	籽粒硬度/%	出粉率/%	降落数值/s
肥力水平	σ^2值	4.075	169.206	8.885	20.484	3851.995
	占栽培措施总变异比例/%	7.7	24.4	23.1	33.7	37.3
灌水量	σ^2值	7.990	118.296	6.532	12.732	2721.812
	占栽培措施总变异比例/%	15.1	17.1	17.0	20.9	26.4
肥水互作效应	σ^2值	22.696	150.755	8.756	13.602	994.947
	占栽培措施总变异比例/%	42.9	21.8	22.7	22.4	9.6
随机误效应	σ^2值	18.192	254.787	14.318	14.016	2747.272
	占栽培措施总变异比例/%	34.4	36.8	37.2	23.0	26.6

2）蛋白质品质性状

从表 5.25 分析结果可以看出，蛋白质含量、沉淀值和湿面筋含量等品质性状由于肥力水平不同引起的变异均达到了极显著水平。在蛋白质含量、沉淀值和湿面筋含量等品质性状的栽培措施变异来源中，肥力水平引起的变异所占比例分别为 66.3%、61.0%、73.1%。总体而言，肥力水平是影响小麦籽粒蛋白质品质的主要栽培因素。

表 5.25　蛋白质品质性状的栽培措施变异来源分析

变异来源	参数	蛋白质含量/%	沉淀值/ml	湿面筋含量/%	面筋指数/%
肥力水平	σ^2值	3.876**	124.223**	46.692**	59.871
	占栽培措施总变异比例/%	66.3	61.0	73.1	24.4
灌水量	σ^2值	0.780	9.431	5.599	15.567
	占栽培措施总变异比例/%	13.3	4.6	8.8	6.3
肥水互作效应	σ^2值	0.696	42.421	6.565	27.196
	占栽培措施总变异比例/%	11.9	20.8	10.3	11.1
随机误效应	σ^2值	0.493	27.453	5.018	142.994
	占栽培措施总变异比例/%	8.4	13.5	7.9	58.2

3）面团流变学特性

（1）粉质参数

从表 5.26 分析结果可以看出，粉质参数由于肥力水平、灌水量的变化所引起的变异不显著，肥水互作效应对粉质参数的影响也不显著。

表 5.26　粉质参数的栽培措施变异来源分析

变异来源	参数	吸水率/%	形成时间/min	稳定时间/min	弱化度/BU	粉质质量指数/mm
肥力水平	σ^2值	6.189	4.910	135.160	1 419.803	15 802.964
	占栽培措施总变异比例/%	45.9	8.1	38.6	37.4	37.8
灌水量	σ^2值	0.908	12.552	14.716	485.410	1 206.492
	占栽培措施总变异比例/%	6.7	20.6	4.2	12.8	2.9
肥水互作效应	σ^2值	2.672	11.091	60.291	577.335	7 343.034
	占栽培措施总变异比例/%	19.8	18.2	17.2	15.2	17.6
随机误效应	σ^2值	3.714	32.288	139.732	1 313.855	17 467.275
	占栽培措施总变异比例/%	27.5	53.1	39.9	34.6	41.8

(2) 拉伸参数

从表 5.27 分析结果可以看出，仅拉伸长度因肥力水平不同引起的变异达到了极显著水平，肥力水平引起的拉伸长度的变异在栽培措施变异来源中所占百分比为 65.4%，明显高于灌水量及肥水互作效应。可见，肥力水平是影响面团拉伸长度的主要栽培因素。

表 5.27　拉伸参数的栽培措施变异来源分析

变异来源	参数	拉伸长度/mm	5cm 拉伸阻力/BU	最大拉伸阻力/BU	拉伸面积/cm^2
肥力水平	σ^2值	2772.429**	2723.490	1833.743	199.674
	占栽培措施总变异比例/%	65.4	36.6	12.6	24.1
灌水量	σ^2值	727.432	1606.401	2558.348	55.795
	占栽培措施总变异比例/%	17.2	21.6	17.6	6.7
肥水互作效应	σ^2值	419.577	771.449	1711.539	159.217
	占栽培措施总变异比例/%	9.9	10.4	11.8	19.2
随机误效应	σ^2值	317.774	2347.712	8426.096	414.960
	占栽培措施总变异比例/%	7.5	31.5	58.0	50.0

综上所述，在本研究的考察范围内，蛋白质含量、沉淀值、湿面筋含量和拉伸长度等品质性状由于肥力水平的变化而引起的变异均达到极显著水平。灌水量和肥水互作效应对小麦籽粒品质性状影响均不显著。在蛋白质含量、沉淀值、湿面筋含量和拉伸长度等品质性状的栽培措施变异来源中，肥力水平引起的变异所占百分比分别为 66.3%、61.0%、73.1%、65.4%。

4. 影响小麦籽粒品质的因素分析

将影响小麦籽粒品质性状的主要因素列于表 5.28。从分析结果可以看出，品种效应对千粒重、容重、籽粒硬度、出粉率、沉淀值、面筋指数、吸水率、形成时间、稳定时间、弱化度、粉质质量指数、拉伸长度、拉伸阻力、最大拉伸阻力和拉伸面积等品质性状均有极显著影响；对降落数值和蛋白质含量等品质性状有显著影响。环境效应对千粒重、籽粒硬度和吸水率等品质性状有极显著影响，对容重、蛋白质含量、湿面筋含量、拉伸长度和拉伸阻力等品质性状的影响也达到了显著水平。品种×环境互作效应对千粒重、弱化度和拉伸阻力等品质性状有极显著影响，对容重、最大拉伸阻力等品质性状有显著影响。

表 5.28　影响小麦籽粒品质的主要因素

变异来源	品种效应	环境效应	品种×环境互作效应	环境效应		
				气候因素	肥力水平	土壤类型×栽培措施互作效应
千粒重	**	**	**	—	—	—
容重	**	*	*	**	—	—
籽粒硬度	**	**	—	—	—	—
出粉率	**	—	—	**	—	—
降落数值	*	—	—	**	—	**
蛋白质含量	*	*	—	—	**	—
沉淀值	**	—	—	—	**	—
湿面筋含量	—	*	—	—	**	—
面筋指数	**	—	—	—	—	—
吸水率	**	**	—	—	—	—
形成时间	**	—	—	—	—	—
稳定时间	**	—	—	—	—	—
弱化度	**	—	**	—	—	—
粉质质量指数	**	—	—	—	—	—
拉伸长度	**	*	—	**	**	—
拉伸阻力	**	*	**	—	—	—
最大拉伸阻力	**	—	*	—	—	—
拉伸面积	**	—	—	—	—	—

** 表示 1%显著水平，* 表示 5%显著水平，—表示不显著

在环境效应中，气候因素对容重、出粉率、降落数值和拉伸长度等品质性状有极显著影响；土壤类型×栽培措施互作效应对降落数值的影响达到了极显著水平。

在栽培措施中,肥力水平对蛋白质含量、沉淀值、湿面筋含量和拉伸长度等品质性状有极显著影响。

在实际生产中,品种遗传特性对小麦质量起决定作用。容重、籽粒硬度、出粉率、降落数值、沉淀值、面筋指数和面团流变学特性(吸水率除外)等品质性状的总变异中,品种效应的贡献率均超过 50%,明显高于环境及品种×环境互作效应。其中,在沉淀值、面筋指数、形成时间、稳定时间、粉质质量指数、拉伸长度、最大拉伸阻力、拉伸面积等品质性状的总变异中,品种效应的贡献率均超过 75%。在千粒重、蛋白质含量、湿面筋含量、面粉吸水率等品质性状的总变异中,环境效应的贡献率分别为 40.2%、45.8%、58.0%、48.9%,明显高于品种及品种×环境互作效应。

在不同环境条件下,气候变化是引起小麦容重、出粉率、降落数值和拉伸长度等品质性状变异的主要环境因素。容重、出粉率和拉伸长度等品质性状由环境效应引起的变异中,气候因素的贡献率均超过了 50%。土壤类型×栽培措施互作效应对降落数值也有显著影响,在降落数值由环境效应引起的变异中,土壤类型×栽培措施互作效应的贡献率为 29.5%。

在不同栽培条件下,小麦品种品质性状变异的来源分析结果表明,肥力水平不同是引起小麦籽粒蛋白质含量、沉淀值、湿面筋含量和面团拉伸长度等品质性状变异的主要栽培因素。在由栽培措施引起的蛋白质含量、沉淀值、湿面筋含量和面团拉伸长度等品质性状变异中,肥力水平的贡献率分别为 66.3%、61.0%、73.1%、65.4%。

5.2.4 讨论

1. 品种、环境及二者互作效应对小麦籽粒品质性状的影响

关于品种、环境及二者互作效应对小麦品质性状影响的研究已有大量报道(Finlay et al.,2007;Novica et al.,2001)。张艳等(1999)研究表明,千粒重、容重受环境及品种×环境互作效应影响较大;郭世华等(2006)研究则认为,千粒重主要由品种效应决定。本章研究结果表明,千粒重、容重等品质性状由品种、环境及二者互作效应导致的变异均达到了显著或极显著水平。从各项变异占总变异的比例来看,千粒重为环境>品种×环境>品种,容重为品种>环境>品种×环境。这表明在实际生产上,环境效应对千粒重的影响作用更大(40.2%),而容重主要受品种效应决定(52.8%)。

Peterson 等(1998;1992)研究认为,环境因素对小麦籽粒蛋白质含量的影响较大。荆奇等(2003)研究表明,环境效应对籽粒蛋白质含量、湿面筋含量有极显著影响,在蛋白质含量、湿面筋含量的总变异中,环境效应的贡献率分别为 90.3%、

94.4%。但也有学者认为,品种效应对蛋白质含量的影响更大(Zhang et al.,2004;魏益民等,2002)。本章研究结果表明,品种和环境效应对蛋白质含量有显著影响,品种效应对沉淀值的影响达到了极显著水平。从各项变异占总变异的比例来看,蛋白质含量和湿面筋含量均为环境＞品种＞品种×环境,沉淀值为品种＞环境＞品种×环境。因此,在实际生产上,环境效应对蛋白质含量和湿面筋含量的影响作用更大,而沉淀值主要由品种效应决定。

关于影响面团流变学特性的因素研究,郭世华等(2004)研究结果表明,面团稳定时间的基因型作用大于环境作用。邓志英等(2005)研究认为,面团流变学特性受品种和环境及二者互作效应的共同影响,品种效应起主要决定作用,环境效应的影响作用次之,品种×环境互作效应的影响较小。张学林等(2008)对 5 个试点种植的 6 个小麦品种的面团流变学特性分析结果显示,品种品质类型对粉质参数的影响作用大于环境效应。本章节对农户大田小麦品种面团流变学特性及其变异来源的分析结果表明,品种效应对面团流变学特性的影响均达极显著水平,面团流变学特性(吸水率除外)由品种效应决定的变异占总变异的比例均在 50%以上,明显高于环境及品种×环境互作效应引起的变异占总变异的比例,这与前人的研究结果相一致。其中,在形成时间、稳定时间、粉质质量指数、拉伸长度、最大拉伸阻力和拉伸面积等品质性状的总变异中,品种效应决定的变异所占比例均在 75%以上。说明在实际生产上,小麦的面团流变学特性主要受品种效应控制。因此,改善面团加工特性的关键在于选育出优质的小麦品种。

2. 不同环境因素对小麦籽粒品质性状的影响

小麦籽粒品质与生态环境关系密切(李元清等,2008)。郭天财等(2003)对河南省 5 个纬度点种植的 6 个小麦品种品质分析结果表明,蛋白质含量、湿面筋含量随纬度的增加呈逐渐增加趋势。雷振生等(2005)对河南省不同试点和土壤条件下种植的同一小麦品种主要品质性状分析的结果表明,从南向北和从东向西种植,湿面筋含量和稳定时间均有增加趋势。这种规律性的变化可能与不同生态区降水量的梯度变化有关。除生态环境外,小麦籽粒品质还受栽培措施的影响(于振文等,2006;潘庆民等,2002)。本章以豫北、冀中地区采集的 60 份农户大田主要小麦品种样品为材料,考察了气候、土壤类型、栽培措施(灌水量及肥力水平)及各环境因素的互作效应对小麦籽粒品质的影响。结果发现,不同区域气候变化对容重、出粉率、降落数值和拉伸长度等品质性状的影响作用极显著,肥力水平的变化对蛋白质含量、沉淀值、湿面筋含量和拉伸长度等品质性状的影响作用也达到了极显著水平。在环境各因素的互作效应中,仅土壤类型×栽培措施互作效应对降落数值有显著影响。在实际生产上,除品种遗传特性外,容重、出粉率等品质性状的变化还与环境效应中的气候因素有关,而蛋白质含量、沉淀值、湿面筋含量等品质性状的变化还受到土壤肥力水平的影响。

3. 影响小麦籽粒品质性状的主要因素研究

关于影响小麦籽粒品质性状的因素，国内外学者普遍采用设计田间试验的方法，在特定的条件下，通过多年、多点、多品种的种植，研究某一个或几个影响因素(李元清等，2008；雷振生等，2005；Zhang et al.，2004；Peterson et al.，1998)。由于大多数结论是在特定试验条件下得出的，这些研究结论对实际生产起到了一定的指导作用，但与实际生产还存在一定的差距。本章参考层次分析法的思路建立起影响小麦籽粒品质性状的结构模型，分析农户大田生产上种植的小麦品种品质变异来源，研究生产上影响小麦籽粒品质性状变化的因素及各影响因素的作用大小。研究结果认为，品种效应是小麦籽粒品质性状的决定因素，即品种的遗传特性起决定作用。环境效应对千粒重、蛋白质含量、湿面筋含量、面粉吸水率等品质性状影响显著。而在不同环境条件下，气候变化是引起容重、出粉率、降落数值和拉伸长度等品质性状变异的主要自然环境因素；肥力水平是引起小麦籽粒蛋白质含量、沉淀值、湿面筋含量和面团拉伸长度等品质性状变异的主要人为栽培因素。这一结果表明，在实际生产上，种植优质小麦品种是提高大田小麦产品质量水平的关键；同时，还应考虑小麦品种的环境(气候)适应性和土壤肥力水平变化对小麦产品质量的影响。

5.2.5 小结

① 容重、籽粒硬度、出粉率、降落数值、沉淀值、面筋指数、形成时间、稳定时间、弱化度、粉质质量指数、拉伸长度、拉伸阻力、最大拉伸阻力和拉伸面积等品质性状主要受品种遗传特性决定，品种效应决定了上述品质性状总变异的50%以上。其中，沉淀值、形成时间、稳定时间、粉质质量指数、拉伸长度、最大拉伸阻力、拉伸面积等品质性状由品种遗传特性决定的变异超过75%。

② 千粒重、蛋白质含量、湿面筋含量和面粉吸水率等品质性状易受环境条件变化的影响。在上述品质性状的总变异中，环境效应的贡献率分别为40.2%、45.8%、58.0%和48.9%，由环境效应所引起的变异程度明显高于品种和品种×环境互作效应。

③ 容重、出粉率、降落数值和拉伸长度等品质性状因气候因素的变化而引起的变异达到极显著水平；在这些品质性状的总变异中，气候因素的贡献率分别为61.2%、53.3%、21.1%、54.0%。土壤类型×栽培措施互作效应对降落数值有极显著影响，在降落数值的总变异中，土壤类型×栽培措施互作效应的贡献率为29.5%。肥力水平对小麦籽粒蛋白质含量、沉淀值、湿面筋含量和面团拉伸长度等品质性状有极显著影响；在蛋白质含量、沉淀值、湿面筋含量和面团拉伸长度等品

质性状的总变异中，肥力水平的贡献率分别为 66.3%、61.0%、73.1%、65.4%。

参考文献

曹莉，王辉，李学军，等. 2003. 黄淮冬麦区小麦品质性状与产量性状的关系研究. 干旱地区农业研究，21(2)：117-122

邓志英，田纪春，孙彩铃，等. 2005. 基因型和环境对面团流变学特性的影响研究. 中国农学通报，21(3)：119-122.

郭世华，刘丽，于亚雄，等. 2004. 小麦籽粒硬度 Friabilin 蛋白 SDS-PAGE 生化标记研究. 西南农业学报，17(增刊)：14-17

郭世华，王洪刚. 2006. 基因型和环境及其互作对我国冬小麦部分品质性状的影响. 麦类作物学报，26(1)：45-51

郭天财，张学林，樊树平，等. 2003. 不同环境条件下对三种筋型小麦品质性状的影响. 应用生态学报，14(6)：917-920

荆奇，曹卫星，戴廷波. 1999. 小麦籽粒品质形成及其调控研究进展. 麦类作物(已更名为麦类作物学报)，19(4)：46-50

荆奇，姜东，戴廷波，等. 2003. 基因型与生态环境对小麦籽粒品质与蛋白质组分的影响. 应用生态学报，14(10)：1649-1653

康立宁，魏益民，欧阳韶晖，等. 2003. 基因型与环境对小麦品种粉质参数的影响. 西北植物学报，23(1)：91-95

雷振生，吴政卿，田云峰，等. 2005. 生态环境变异对优质强筋小麦品质性状的影响. 华北农学报，20(3)：1-4

李元清，吴晓华，崔国惠，等. 2008. 基因型、地点及其互作对内蒙古小麦主要品质性状的影响. 作物学报，34(1)：47-53

潘庆民，于振文. 2002. 追氮时期对冬小麦籽粒品质和产量的影响. 麦类作物学报，26(6)：797-802

王桂良，叶优良，李欢欢，等. 2010. 施氮量对不同基因型小麦产量和干物质累积的影响. 麦类作物学报，30(1)：116-122

魏益民，康立宁，欧阳韶晖，等. 2002. 小麦品种蛋白质品质性状稳定性研究. 西北植物学报，22(1)：90-96

魏益民，欧阳绍辉，陈卫军，等. 2009. 县域优质小麦生产效果分析 Ⅰ. 陕西省岐山县小麦生产现状调查. 麦类作物学报，29(2)：256-260

许振柱，于振文，王东，等. 2003. 灌溉条件对小麦籽粒蛋白质组分积累及其品质的影响. 作物学报，29(5)：682-687

杨延兵，高荣岐，尹燕枰，等. 2005. 氮素与品种对小麦产量和品质性状的效应. 麦类作物学报，25(6)：78-81

叶修祺. 1985. 从抽样调查看小麦产量提高的途径. 农业科技通讯，(12)：6-7

于振文. 2006. 小麦产量与品质生理及栽培技术. 北京：中国农业出版社：62-64

张国权，魏益民，欧阳韶晖，等. 1999. 陕西近年来育成小麦品种(系)的品质分析与评价. 麦类作物(已更名为麦类作物学报)，19(1)：31-33

张学林，王晨阳，郭天财，等. 2008. 生态因素对不同冬小麦品种粉质参数的影响. 麦类作物学报，28(3)：452-456

张艳，何中虎，周桂英，等. 1999. 基因型和环境对我国冬播麦区小麦品质性状的影响. 中国粮油学报，14(5)：1-5

张玉峰，杨武德，白晶晶，等. 2006. 冬小麦产量与籽粒蛋白质含量协同变化特点及水肥调控. 中国农业科学，39(12)：2449-2458

赵广才，常旭红，刘利华，等. 2007. 不同灌水处理对强筋小麦籽粒产量和蛋白质组分含量的影响. 作物学报，33(11)：1828-1833

赵广才，何中虎，刘利华，等. 2004. 肥水调控对强筋小麦中优 9507 品质与产量协同提高的研究. 中国农业科学，37(3)：351-356.

朱新开，郭文善，朱冬梅，等. 2005. 不同基因型小麦氮素吸收积累差异研究. 扬州大学学报(农业与生命科学版)，26(3)：52-57

Bergman C J, Gualberto D G, Campbell K G, et al. 1998. Genotype and environment effects on wheat quality traits in a population derived from a soft by hard cross. Cereal Chemistry，75(5)：729-737

Finlay G J, Bullock P R, Sapirstein H D, et al. 2007. Genotypic and environmental variation in grain, flour, dough and bread-making characteristics of Western Canadian Spring Wheat. Canadian Journal of Plant Science, 87(4)：679-690

Graybosch R A, Peterson J, Shelton D R, et al. 1996. Genotype and environment effects on wheat flour protein components in relation to end-use quality. Crop Science, 36(2)：296-300

Grundy A C, Boatman N D, Froud-Williams R J. 1996. Effects of herbicide and nitrogen fertilizer application on grain yield and quality of wheat and barley. Journal of Agricultural Science，126(4)：379-385

Mladenov N, Przulj N, Hristov N, et al. 2001. Cultivar-by-environment interactions for wheat quality traits in semiarid conditions. Cereal Chem，78(3)：363-367

Peterson C J, Graybosch R A, Baenziger P S, et al. 1992. Genotype and environment effects on quality characteristics of hard red winter wheat. Crop Science，32(1)：98-103

Peterson C J, Graybosch R A, Shelton D R, et al. 1998. Baking quality of hard winter wheat: response of cultivars to environment in the Great Plains. Euphytica，100(1-3)：157-162

Souza E J, Martin J M, Guttieri M J, et al. 2004. Influence of genotype, environment, and nitrogen management on spring wheat quality. Crop Science，44(2)：425-432

Zhang Y, He Z H, Ye G Y, et al. 2004. Effect of environment and genotype on bread-making quality of spring-sown spring wheat cultivars in China. Euphytica，139：75-83

Zhu J B, Liu G T, Zhang S Z. 1995. Genotype and environment effects on baking quality of wheat. Acta Agron Sin，21(6)：679-684

第6章 小麦籽粒质量性状的相关性分析

6.1 引　言

在高产、稳产的基础上提高小麦籽粒质量是当前小麦生产的主要目标。研究小麦籽粒产量及其品质性状间的相关性，有利于协调籽粒产量与品质性状以及品质性状之间的关系，为小麦品质育种目标的制订和优质小麦栽培措施的实施提供参考。

前人研究认为，小麦籽粒产量与品质性状以及品质性状之间存在一定的相关关系(兰涛等，2005；程国旺等，2003)。一般认为，籽粒产量与蛋白质含量呈显著的负相关(荆奇等，2003)。也有研究认为，在适宜的肥水条件下，可以实现籽粒产量与蛋白质含量的同步增长(Daniel et al.，2008；赵广才等，2004)。李宗智等(1990)对国内外322个小麦品种品质性状的相关性分析后指出，将籽粒硬度、沉淀值和蛋白质含量作为小麦育种早代选择的标准可以协调品质性状之间的关系。郭世华等(2006)研究表明，对于软质小麦而言，籽粒硬度与千粒重的相关性不显著，与沉淀值呈极显著负相关；对于硬质小麦而言，籽粒硬度与千粒重呈极显著负相关，与沉淀值呈极显著正相关；对于软质小麦和硬质小麦而言，蛋白质含量与沉淀值均呈极显著正相关。吴东兵等(2003)对分别种植在北京和西藏地区的5个冬小麦品种品质性状的相关性研究发现，北京试点小麦的蛋白质含量与籽粒硬度呈极显著正相关，与沉淀值呈显著正相关，与湿面筋含量无显著相关性；西藏试点小麦的蛋白质含量与籽粒硬度无显著相关性，与沉淀值呈极显著正相关，与湿面筋含量呈显著正相关。这一结果表明，在不同生态环境下，小麦品种品质性状的相关性会发生改变。

目前，有关小麦籽粒产量与其品质性状以及品质性状之间的相关性研究，多限于对田间设计试验或参加区域试验的相关数据分析，对实际生产上小麦品种籽粒产量与品质性状以及品质性状之间的相关性研究较少；对仓储小麦(商品粮)品质性状之间相互关系的了解比较缺乏。本章在对2008～2010年豫北地区大田小麦和仓储小麦籽粒品质性状分析的基础上，研究年份、地域及群体构成变化对小麦品质性状相关性的影响；分析2010年豫北、冀中两个小麦生态亚区布点采集的大田小麦品种籽粒产量与品质性状以及品质性状之间的相关性，明确实际生产上小麦籽粒产量与品质性状以及品质性状之间的相关性，了解不同群体、不同来源样品籽粒品质性状之间相关性的差异。

6.2 材料与方法

1. 供试材料

样品来源及采集方法参见第4章4.1、4.2,第5章5.1。样品包括2008～2010年在豫北地区采集的243份大田小麦品种样品,79份仓储小麦样品;2010年在豫北、冀中两个生态亚区田间布点收获的60份大田主栽小麦品种样品。

2. 品质分析方法

小麦品质分析方法参照第4章4.1所述方法进行。分析的品质性状包括千粒重、容重、籽粒硬度、蛋白质含量、沉淀值、湿面筋含量、稳定时间、最大拉伸阻力。

3. 数据处理

采用SAS V8统计分析软件中的CORR程序进行相关分析,t检验用于判断相关的显著程度;数据表格处理采用Excel2007。

6.3 结果与分析

1. 大田小麦样品品质性状间的相关性

以2008～2010年在豫北新乡、鹤壁、安阳3个地区采集的大田小麦品种样品为材料,研究不同年份、不同地区之间大田小麦品质性状的相关性。每个地区每年采集到27份大田小麦品种样品,同一年份在豫北地区共采集81份大田小麦品种样品。

1) 不同年份大田小麦样品品质性状间的相关性

2008年大田小麦样品品质性状相关性分析结果表明,千粒重与籽粒硬度呈极显著正相关,与稳定时间呈显著负相关,与最大拉伸阻力呈极显著负相关;容重与籽粒硬度呈显著正相关,与蛋白质含量呈极显著负相关,与湿面筋含量呈显著负相关;籽粒硬度与蛋白质含量呈显著负相关,与沉淀值呈极显著正相关,与稳定时间呈显著正相关;蛋白质含量与湿面筋含量呈极显著正相关;沉淀值与稳定时间、最大拉伸阻力均呈极显著正相关;稳定时间与最大拉伸阻力呈极显著正相关(表6.1)。

2009年大田小麦样品品质性状相关性分析结果表明,千粒重与容重呈极显著正相关,与蛋白质含量、沉淀值、湿面筋含量、稳定时间、最大拉伸阻力均呈极显著负相关;容重与籽粒硬度呈极显著正相关,与蛋白质含量、最大拉伸阻力呈极显著负相关;籽粒硬度与蛋白质含量、最大拉伸阻力呈极显著负相关;蛋白质含量与沉淀值、湿面筋含量、最大拉伸阻力呈极显著正相关；沉淀值与湿面筋含量、稳定时间、最大拉伸阻力均呈极显著正相关；湿面筋含量与最大拉伸阻力呈极显著正相关；稳定时间与最大拉伸阻力呈极显著正相关（表 6.1）。

2010 年大田小麦样品品质性状相关性分析结果表明，千粒重与容重、籽粒硬度、湿面筋含量呈极显著正相关，与沉淀值、稳定时间、最大拉伸阻力呈显著或极显著负相关；容重与籽粒硬度呈极显著正相关，与最大拉伸阻力呈极显著负相关；籽粒硬度与最大拉伸阻力呈极显著负相关；蛋白质含量与沉淀值、湿面筋含量呈极显著正相关；沉淀值与稳定时间、最大拉伸阻力均呈极显著正相关；湿面筋含量与稳定时间、最大拉伸阻力呈极显著负相关；稳定时间与最大拉伸阻力呈极显著正相关（表 6.1）。

2008～2010 年大田小麦样品的千粒重与容重、籽粒硬度呈极显著正相关，与沉淀值、稳定时间、最大拉伸阻力均呈极显著负相关；容重与籽粒硬度呈极显著正相关，与蛋白质含量、湿面筋含量呈极显著负相关；籽粒硬度与蛋白质含量、最大拉伸阻力呈显著或极显著负相关，与沉淀值、稳定时间呈极显著正相关；蛋白质含量与沉淀值、湿面筋含量、最大拉伸阻力呈极显著正相关；沉淀值与稳定时间、最大拉伸阻力均呈极显著正相关；湿面筋含量与稳定时间呈显著负相关；稳定时间与最大拉伸阻力呈极显著正相关（表 6.1）。

表 6.1　年际大田小麦样品品质性状的相关系数

品质性状	年份	样本数	容重	籽粒硬度	蛋白质含量	沉淀值	湿面筋含量	稳定时间	最大拉伸阻力
千粒重	2008	81	0.10	0.34**	−0.06	−0.15	0.16	−0.25*	−0.40**
	2009	81	0.28**	0.02	−0.44**	−0.52**	−0.35**	−0.42**	−0.56**
	2010	81	0.35**	0.39**	0.18	−0.24*	0.52**	−0.29**	−0.52**
	2008～2010	243	0.31**	0.23**	0.01	−0.27**	0.10	−0.30**	−0.38**
容重	2008	81		0.24*	−0.29**	0.21	−0.27*	0.16	0.16
	2009	81		0.37**	−0.38**	−0.08	−0.21	−0.10	−0.28**
	2010	81		0.55**	−0.12	−0.02	−0.04	−0.03	−0.26*
	2008～2010	243		0.36**	−0.17**	0.04	−0.17**	0	−0.10
籽粒硬度	2008	81			−0.27*	0.49**	−0.06	0.26*	0.11
	2009	81			−0.45**	−0.05	0.06	0.20	−0.28**
	2010	81			−0.16	0.07	0.11	0.18	−0.34**
	2008～2010	243			−0.31**	0.18**	−0.01	0.21**	−0.14*
蛋白质含量	2008	81				0.21	0.57**	−0.01	0.09
	2009	81				0.66**	0.71**	0.15	0.58**
	2010	81				0.39**	0.64**	−0.16	0.02
	2008～2010	243				0.41**	0.49**	0	0.27**

续表

品质性状	年份	样本数	容重	籽粒硬度	蛋白质含量	沉淀值	湿面筋含量	稳定时间	最大拉伸阻力
沉淀值	2008	81					0.03	0.69**	0.77**
	2009	81					0.59**	0.61**	0.81**
	2010	81					−0.06	0.65**	0.70**
	2008～2010	243					0.01	0.64**	0.62**
湿面筋含量	2008	81						−0.07	−0.17
	2009	81						0.20	0.30**
	2010	81						−0.43**	−0.49**
	2008～2010	243						−0.13*	0.12
稳定时间	2008	81							0.70**
	2009	81							0.64**
	2010	81							0.74**
	2008～2010	243							0.60**

* 表示 $P<0.05$，** 表示 $P<0.01$。下同

2）不同地区大田小麦样品品质性状间的相关性

新乡地区大田小麦样品品质性状相关性分析结果表明，千粒重与容重呈极显著正相关，与籽粒硬度呈显著正相关，与沉淀值、湿面筋含量、最大拉伸阻力呈极显著负相关；容重与籽粒硬度呈极显著正相关，与蛋白质含量呈显著负相关，与湿面筋含量呈极显著负相关；籽粒硬度与蛋白质含量呈极显著负相关，与稳定时间呈显著正相关；蛋白质含量与沉淀值、湿面筋含量、最大拉伸阻力呈极显著正相关；沉淀值与湿面筋含量、稳定时间、最大拉伸阻力呈显著或极显著正相关；湿面筋含量与最大拉伸阻力呈极显著正相关；稳定时间与最大拉伸阻力呈极显著正相关（表 6.2）。

鹤壁地区大田小麦样品品质性状相关性分析结果表明，千粒重与籽粒硬度、沉淀值、稳定时间、最大拉伸阻力呈显著或极显著负相关，与蛋白质含量、湿面筋含量呈极显著正相关；容重与湿面筋含量呈显著负相关；籽粒硬度与蛋白质含量、湿面筋含量呈极显著负相关，与沉淀值、稳定时间、最大拉伸阻力呈极显著正相关；蛋白质含量与湿面筋含量呈极显著正相关，与稳定时间呈显著负相关；沉淀值与湿面筋含量呈极显著负相关，与稳定时间、最大拉伸阻力呈极显著正相关；湿面筋含量与稳定时间呈极显著负相关；稳定时间与最大拉伸阻力呈极显著正相关（表 6.2）。

安阳地区大田小麦样品品质性状相关性分析结果表明，千粒重与容重、籽粒硬度呈极显著正相关，与湿面筋含量呈显著正相关，与稳定时间、最大拉伸阻力呈极显著负相关；容重与籽粒硬度呈极显著正相关；籽粒硬度与最大拉伸阻力呈极显著

负相关；蛋白质含量与沉淀值、湿面筋含量呈极显著正相关；沉淀值与稳定时间、最大拉伸阻力呈极显著正相关；湿面筋含量与稳定时间呈极显著负相关；稳定时间与最大拉伸阻力呈极显著正相关（表6.2）。

表6.2　地区间大田小麦样品品质性状的相关系数

品质性状	地区	样本数	容重	籽粒硬度	蛋白质含量	沉淀值	湿面筋含量	稳定时间	最大拉伸阻力
千粒重	新乡	81	0.31**	0.27*	−0.17	−0.37**	−0.30**	−0.19	−0.47**
	鹤壁	81	0.16	−0.43**	0.39**	−0.24*	0.35**	−0.52**	−0.25*
	安阳	81	0.40**	0.41**	0.06	−0.10	0.25*	−0.31**	−0.28**
	豫北	243	0.31**	0.23**	0.01	−0.27**	0.10	−0.30**	−0.38**
容重	新乡	81		0.30**	−0.24*	−0.12	−0.46**	−0.01	−0.12
	鹤壁	81		−0.06	−0.11	0.04	−0.22*	−0.11	−0.05
	安阳	81		0.54**	−0.19	0.09	0.05	−0.15	−0.21
	豫北	243		0.36**	−0.17**	0.04	−0.17**	0	−0.10
籽粒硬度	新乡	81			−0.38**	0.13	−0.08	0.35**	−0.02
	鹤壁	81			−0.49**	0.51**	−0.41**	0.48**	0.34**
	安阳	81			−0.19	0.15	0.17	−0.18	−0.44**
	豫北	243			−0.31**	0.18**	−0.01	0.21**	−0.14*
蛋白质含量	新乡	81				0.58**	0.42**	0.04	0.37**
	鹤壁	81				0.07	0.51**	−0.22*	0.07
	安阳	81				0.29**	0.57**	−0.05	0.06
	豫北	243				0.41**	0.49**	0	0.27**
沉淀值	新乡	81					0.27*	0.61**	0.61**
	鹤壁	81					−0.36**	0.72**	0.73**
	安阳	81					−0.01	0.49**	0.39**
	豫北	243					0.01	0.64**	0.62**
湿面筋含量	新乡	81						0.11	0.41**
	鹤壁	81						−0.45**	−0.12
	安阳	81						−0.28**	−0.04
	豫北	243						−0.13*	0.12
稳定时间	新乡	81							0.59**
	鹤壁	81							0.64**
	安阳	81							0.57**
	豫北	243							0.60**

综上所述，无论以年份为单位或以地区为单位，大田小麦样品的千粒重与最大拉伸阻力呈显著负相关，蛋白质含量与湿面筋含量呈极显著正相关，沉淀值与稳定时间、最大拉伸阻力均呈极显著正相关，稳定时间与最大拉伸阻力也呈极显著正相关。这些性状间的相关性不随年份、区域和群体构成的变化而发生改变。

2. 仓储小麦样品品质性状相关性分析

以 2008～2010 年在豫北新乡、鹤壁、安阳 3 个地区采集的仓储小麦样品为材料，研究年份、地区之间仓储小麦品质性状的相关性。每个地区每年共采集 9 份仓储小麦样品，每年在豫北地区共采集 27 份大田小麦样品。

1）不同年份仓储小麦样品品质性状间的相关性

2008 年仓储小麦样品品质性状相关性分析结果表明，千粒重与籽粒硬度呈极显著正相关，与沉淀值呈显著正相关；容重与籽粒硬度、沉淀值呈极显著正相关，与稳定时间呈显著正相关；籽粒硬度与沉淀值呈极显著正相关；沉淀值与稳定时间呈显著正相关；稳定时间与最大拉伸阻力呈极显著正相关(表 6.3)。

2009 年仓储小麦样品品质性状相关性分析结果表明，千粒重与最大拉伸阻力呈极显著负相关；籽粒硬度与蛋白质含量呈显著负相关；蛋白质含量与沉淀值、湿面筋含量呈显著或极显著正相关；沉淀值与湿面筋含量、稳定时间、最大拉伸阻力呈极显著正相关；稳定时间与最大拉伸阻力呈极显著正相关(表 6.3)。

2010 年仓储小麦样品品质性状相关性分析结果表明，千粒重与容重呈显著正相关；容重与籽粒硬度呈显著正相关，与沉淀值呈极显著正相关；籽粒硬度与蛋白质含量、湿面筋含量呈显著负相关，与沉淀值呈极显著正相关，与稳定时间、最大拉伸阻力呈显著正相关；蛋白质含量与湿面筋含量呈极显著正相关；沉淀值与稳定时间、最大拉伸阻力呈极显著正相关；湿面筋含量与稳定时间、最大拉伸阻力呈极显著负相关；稳定时间与最大拉伸阻力呈极显著正相关(表 6.3)。

2008～2010 年仓储小麦样品的千粒重与容重、籽粒硬度、蛋白质含量、沉淀值呈显著或极显著正相关；容重与籽粒硬度呈极显著正相关，与沉淀值呈显著正相关；籽粒硬度与沉淀值、稳定时间呈极显著正相关；蛋白质含量与沉淀值、湿面筋含量、最大拉伸阻力呈显著或极显著正相关；沉淀值与稳定时间、最大拉伸阻力均呈极显著正相关；稳定时间与最大拉伸阻力呈极显著正相关(表 6.3)。

表 6.3 年际仓储小麦样品品质性状的相关系数

品质性状	年份	样本数	容重	籽粒硬度	蛋白质含量	沉淀值	湿面筋含量	稳定时间	最大拉伸阻力
千粒重	2008	27	0.31	0.57**	−0.06	0.38*	−0.02	−0.08	−0.35
	2009	27	0.16	0.12	−0.19	−0.03	−0.01	−0.37	−0.55**

续表

品质性状	年份	样本数	容重	籽粒硬度	蛋白质含量	沉淀值	湿面筋含量	稳定时间	最大拉伸阻力
	2010	25	0.48*	0.27	0	0.27	0.25	−0.17	−0.20
	2008～2010	79	0.33**	0.38**	0.23*	0.33**	0.02	−0.16	−0.06
容重	2008	27		0.53**	−0.35	0.77**	−0.30	0.47*	0.21
	2009	27		0.27	−0.31	−0.16	−0.18	−0.07	−0.13
	2010	25		0.48*	−0.33	0.51**	−0.26	0.11	0.12
	2008～2010	79		0.39**	−0.13	0.24*	−0.09	0.02	0.13
籽粒硬度	2008	27			−0.32	0.56**	−0.19	0.33	−0.14
	2009	27			−0.41*	0.18	0.22	0.37	−0.05
	2010	25			−0.43*	0.63**	−0.43*	0.43*	0.46*
	2008～2010	79			−0.14	0.47**	−0.18	0.37**	0.14
蛋白质含量	2008	27				−0.33	0.23	−0.36	−0.17
	2009	27				0.39*	0.62**	−0.01	0.14
	2010	25				0.09	0.58**	−0.16	−0.24
	2008～2010	79				0.33**	0.25*	−0.06	0.24*
沉淀值	2008	27					−0.14	0.44*	0.08
	2009	27					0.52**	0.54**	0.56**
	2010	25					−0.35	0.60**	0.59**
	2008～2010	79					−0.04	0.51**	0.45**
湿面筋含量	2008	27						0.04	0.27
	2009	27						0.18	−0.05
	2010	25						−0.62**	−0.71**
	2008～2010	79						−0.20	0.17
稳定时间	2008	27							0.77**
	2009	27							0.79**
	2010	25							0.86**
	2008～2010	79							0.54**

2）不同地区仓储小麦样品品质性状间的相关性

新乡地区仓储小麦样品品质性状相关性分析结果表明，千粒重与容重、籽粒硬度、蛋白质含量、沉淀值呈显著正相关；蛋白质含量与沉淀值呈极显著正相关，与最大拉伸阻力呈显著正相关；沉淀值与稳定时间呈极显著正相关；湿面筋含量与最大拉伸阻力呈极显著正相关(表 6.4)。

鹤壁地区仓储小麦样品品质性状相关性分析结果表明，千粒重与蛋白质含量呈显著正相关；籽粒硬度与沉淀值、稳定时间、最大拉伸阻力呈极显著正相关，与湿面筋含量呈极显著负相关；蛋白质含量与沉淀值呈显著正相关；沉淀值与稳定时间、最大拉伸阻力呈极显著正相关；稳定时间与最大拉伸阻力呈极显著正相关(表 6.4)。

安阳地区仓储小麦样品品质性状相关性分析结果表明，千粒重与容重、籽粒硬度呈显著或极显著正相关；容重与籽粒硬度呈极显著正相关，与沉淀值、稳定时间呈显著正相关，与蛋白质含量呈显著负相关；籽粒硬度与沉淀值呈极显著正相关；蛋白质含量与最大拉伸阻力呈显著正相关；沉淀值与稳定时间呈极显著正相关；稳定时间与最大拉伸阻力呈极显著正相关(表 6.4)。

表 6.4　地区间仓储小麦样品品质性状的相关系数

品质性状	地区	样本数	容重	籽粒硬度	蛋白质含量	沉淀值	湿面筋含量	稳定时间	最大拉伸阻力
千粒重	新乡	25	0.48*	0.39*	0.43*	0.42*	−0.10	−0.08	0.10
	鹤壁	27	0.18	−0.05	0.42*	0.25	−0.02	−0.35	−0.13
	安阳	27	0.38*	0.53**	−0.01	0.27	0.21	0	−0.18
	豫北	79	0.33**	0.38**	0.23*	0.33**	0.02	−0.16	−0.06
容重	新乡	25		0.32	0.19	0.29	−0.13	0.30	0.23
	鹤壁	27		0.22	0	0.04	−0.09	−0.13	0.08
	安阳	27		0.55**	−0.47*	0.41*	−0.05	0.43*	0.12
	豫北	79		0.39**	−0.13	0.24*	−0.09	0.02	0.13
籽粒硬度	新乡	25			−0.02	0.14	−0.35	0.28	−0.21
	鹤壁	27			−0.12	0.55**	−0.64**	0.67**	0.56**
	安阳	27			−0.15	0.61**	0.21	0.27	0.07
	豫北	79			−0.14	0.47**	−0.18	0.37**	0.14
蛋白质含量	新乡	25				0.69**	0.33	0.23	0.49*
	鹤壁	27				0.42*	0.11	−0.15	0.08
	安阳	27				0.19	0.31	0.05	0.41*
	豫北	79				0.33**	0.25*	−0.06	0.24*
沉淀值	新乡	25					−0.26	0.55**	0.19
	鹤壁	27					−0.22	0.64**	0.65**
	安阳	27					0.34	0.55**	0.35
	豫北	79					−0.04	0.51**	0.45**
湿面筋含量	新乡	25						−0.39	0.61**
	鹤壁	27						−0.23	−0.13

续表

品质性状	地区	样本数	容重	籽粒硬度	蛋白质含量	沉淀值	湿面筋含量	稳定时间	最大拉伸阻力
	安阳	27						0.01	0.16
	豫北	79						—0.20	0.17
稳定时间	新乡	25							0.24
	鹤壁	27							0.66**
	安阳	27							0.57**
	豫北	79							0.54**

通过对仓储小麦样品品质性状间的相关性分析结果可以看出，年际和地区间仓储小麦的沉淀值与稳定时间呈显著或极显著正相关。仓储小麦的沉淀值与稳定时间的相关性不随年际、区域和群体构成的变化而改变。

3. 大田主要小麦品种籽粒产量及品质性状相关性分析

以 2010 年在豫北地区和冀中地区采集的大田主要小麦品种样品为材料，研究不同区域之间大田主要小麦品种样品籽粒产量与其品质性状以及品质性状之间的相关性。豫北地区采集到的小麦品种包括‘矮抗 58’(18 份)、‘周麦 16’(7 份)、‘西农 979’(3 份)、‘衡观 35’(3 份)，冀中地区采集到的小麦品种包括‘石新 828’(15 份)、‘良星 99’(6 份)、‘衡观 35’(6 份)、‘矮抗 58’(2 份)。两个地区共采集到 60 份小麦样品。

从表 6.5 分析结果可以看出，豫北地区大田主要小麦品种样品的籽粒产量与所有品质性状的相关性均不显著。从品质性状间的相关性来看，千粒重与蛋白质含量呈极显著正相关；容重与沉淀值、稳定时间、最大拉伸阻力呈极显著正相关，与蛋白质含量和湿面筋含量呈极显著负相关；籽粒硬度与沉淀值、稳定时间、最大拉伸阻力呈极显著正相关；蛋白质含量与湿面筋含量呈极显著正相关，与稳定时间、最大拉伸阻力呈显著或极显著负相关；沉淀值与稳定时间、最大拉伸阻力均呈极显著正相关；湿面筋含量与稳定时间、最大拉伸阻力呈显著或极显著负相关；稳定时间与最大拉伸阻力呈极显著正相关。

在冀中地区，大田主要小麦品种样品的籽粒产量与蛋白质含量、湿面筋含量均呈显著负相关；从品质性状间的相关性来看，千粒重与稳定时间、最大拉伸阻力均呈极显著负相关；容重与籽粒硬度呈极显著正相关，与稳定时间、最大拉伸阻力呈显著正相关；籽粒硬度与沉淀值呈显著正相关，与稳定时间、最大拉伸阻力呈极显著正相关；蛋白质含量与沉淀值、湿面筋含量呈极显著正相关；沉淀值与湿面筋含量呈极显著正相关；湿面筋含量与稳定时间、最大拉伸阻力均呈极显著负相关；稳定时间与最大拉伸阻力呈极显著正相关。

从豫北和冀中地区大田主要小麦品种样品籽粒产量及品质性状间的相关性分

析结果来看，籽粒产量与蛋白质含量呈极显著负相关，与湿面筋含量呈显著负相关。从小麦品质性状间的相关性来看，千粒重与容重、籽粒硬度、稳定时间、最大拉伸阻力呈显著或极显著负相关；容重与籽粒硬度、沉淀值、稳定时间、最大拉伸阻力呈显著或极显著正相关；籽粒硬度与沉淀值、稳定时间、最大拉伸阻力均呈极显著正相关；蛋白质含量与沉淀值、湿面筋含量呈显著或极显著正相关，与稳定时间、最大拉伸阻力呈极显著负相关；沉淀值与稳定时间、最大拉伸阻力呈极显著正相关；湿面筋含量与稳定时间、最大拉伸阻力呈极显著负相关；稳定时间与最大拉伸阻力呈极显著正相关。

表 6.5 大田主要小麦品种样品籽粒产量及品质性状的相关系数

品质性状	区域	样本数	千粒重	容重	籽粒硬度	蛋白质含量	沉淀值	湿面筋含量	稳定时间	最大拉伸阻力
籽粒产量	豫北	31	−0.33	0.17	0.14	−0.20	0.09	0.03	0.05	0.12
	冀中	29	−0.01	0.17	0.11	−0.43*	−0.24	−0.40*	0	0.11
	豫北、冀中	60	−0.09	0.11	0.03	−0.38**	−0.10	−0.30*	0.03	0.11
千粒重	豫北	31		−0.33	−0.22	0.49**	−0.13	0.33	−0.35	−0.32
	冀中	29		0.15	−0.15	0.19	−0.09	0.29	−0.52**	−0.49**
	豫北、冀中	60		−0.27*	−0.35**	0.14	−0.16	0.06	−0.36**	−0.31*
容重	豫北	31			0.10	−0.56**	0.51**	−0.54**	0.50**	0.51**
	冀中	29			0.50**	−0.27	0.18	−0.32	0.37*	0.43*
	豫北、冀中	60			0.31*	−0.23	0.40**	−0.18	0.41**	0.43**
籽粒硬度	豫北	31				−0.32	0.60**	−0.02	0.55**	0.65**
	冀中	29				−0.17	0.40*	−0.25	0.48**	0.69**
	豫北、冀中	60				−0.03	0.52**	0.15	0.42**	0.54**
蛋白质含量	豫北	31					−0.32	0.74**	−0.49**	−0.39*
	冀中	29					0.66**	0.92**	−0.29	−0.40*
	豫北、冀中	60					0.28*	0.88**	−0.34**	−0.34**
沉淀值	豫北	31						−0.29	0.71**	0.88**
	冀中	29						0.51**	0.24	0.26
	豫北、冀中	60						0.21	0.51**	0.66**
湿面筋含量	豫北	31							−0.50**	−0.36*
	冀中	29							−0.49**	−0.57**
	豫北、冀中	60							−0.43**	−0.38**
稳定时间	豫北	31								0.81**
	冀中	29								0.77**
	豫北、冀中	60								0.79**

通过对区域主要小麦品种籽粒产量及品质性状的相关性比较分析可以看出，籽粒产量与蛋白质含量呈负相关，但这一相关性的显著性随区域和群体构成的变化而变化。从品质性状间的相关性来看，容重与稳定时间、最大拉伸阻力呈显著或极显著正相关；籽粒硬度与沉淀值、稳定时间、最大拉伸阻力呈显著或极显著正相关；蛋白质含量与湿面筋含量呈极显著正相关，与最大拉伸阻力呈显著负相关；湿面筋含量与稳定时间、最大拉伸阻力呈显著或极显著负相关；稳定时间与最大拉伸阻力呈极显著正相关。

6.4　讨　　论

1. 大田小麦品质性状的相关性

关于小麦品质性状间的相关性研究，国内外已有较多报道（赵莉等，2006；杨学举等，2001；Peterson et al.，1998），但这些研究多是在田间试验设计或区域试验基础上开展的。本章在对豫北 3 个地区 9 个县（区）27 个乡（镇）大田和仓储小麦品质性状分析的基础上，研究小麦品质性状之间的相关性。从大田小麦样品品质性状的相关性分析结果来看，年际大田小麦样品的千粒重与稳定时间、最大拉伸阻力呈显著或极显著负相关，容重与籽粒硬度均呈显著或极显著正相关，蛋白质含量与湿面筋含量均呈极显著正相关，沉淀值、稳定时间和最大拉伸阻力三者之间均呈极显著正相关。蛋白质含量与沉淀值、最大拉伸阻力的相关性随年际的变化而有所不同，而与稳定时间的相关性均未达到显著水平；仅 2009 年的分析结果显示沉淀值与湿面筋含量呈显著正相关。湿面筋含量与稳定时间、最大拉伸阻力的关系随年际变化而有所不同。

从地区大田小麦样品品质性状间的相关性来看，千粒重与最大拉伸阻力呈显著负相关，蛋白质含量与湿面筋含量均呈极显著正相关，沉淀值、稳定时间和最大拉伸阻力三者之间的正相关关系均达到极显著水平。在新乡地区，蛋白质含量与沉淀值、最大拉伸阻力呈极显著正相关；湿面筋含量与最大拉伸阻力呈极显著正相关。在鹤壁地区，湿面筋含量与稳定时间呈极显著负相关。在安阳地区，蛋白质含量与沉淀值呈极显著正相关；湿面筋含量与稳定时间呈极显著负相关。这表明蛋白质含量、湿面筋含量和稳定时间、最大拉伸阻力的相关关系随区域变化而有显著差异。

就豫北地区 3 年大田品质性状间的相关性而言，千粒重与稳定时间、最大拉伸阻力呈极显著负相关；蛋白质含量与沉淀值、湿面筋含量、最大拉伸阻力呈极显著正相关；沉淀值与稳定时间、最大拉伸阻力均呈极显著正相关；稳定时间与最大拉伸阻力呈极显著正相关。

在本研究的区域范围内，大田小麦样品的千粒重与最大拉伸阻力呈显著负相关，蛋白质含量与湿面筋含量呈极显著正相关，沉淀值与稳定时间呈极显著正相关；这些品质性状之间的相关关系不随年际、区域和群体构成的变化而发生改变。

2. 仓储小麦品质性状的相关性

从年际仓储小麦样品品质性状的相关性分析结果来看，蛋白质含量与沉淀值、湿面筋含量的相关性在年际存在显著差异。沉淀值与稳定时间均呈显著正相关；与最大拉伸阻力呈正相关，但年际二者相关关系的显著水平存在显著变化。年际湿面筋含量与稳定时间、最大拉伸阻力的相关关系变化较大。从不同地区仓储小麦样品品质性状的相关性分析结果来看，蛋白质含量与沉淀值均呈正相关，在新乡和鹤壁地区二者的相关关系达到了显著水平。沉淀值与稳定时间均呈极显著正相关。稳定时间与最大拉伸阻力均呈正相关，在鹤壁和安阳地区二者的相关关系达到了显著水平。就豫北 3 个地区抽取的仓储小麦样品而言，沉淀值、稳定时间、最大拉伸阻力三者之间均呈极显著正相关。

在本研究的区域范围内，仓储小麦样品的蛋白质含量与沉淀值、湿面筋含量的相关关系随着年际、区域和群体构成的变化存在显著差异。沉淀值与稳定时间呈极显著正相关，并且，这一相关关系不随年份、区域和群体构成的变化而改变。

3. 大田主要小麦品种籽粒产量及品质性状的相关性

通过对豫北、冀中两个生态区生产上 6 个主栽小麦品种 60 份大田样品品质性状及其籽粒产量和品质性状间相关性的分析，结果表明，不同生态区大田主栽小麦品种的容重与稳定时间呈显著或极显著正相关，蛋白质含量与湿面筋含量呈极显著正相关。籽粒产量与蛋白质品质性状呈负相关，但不同区域二者之间的相关显著性有所变化。总体而言，生产上小麦品种的籽粒产量与蛋白质品质性状呈负相关，这与前人的研究结果类似（兰涛等，2005；曹莉等，2003）。这一结果表明，生产上小麦产量与蛋白质品质性状之间存在一定的矛盾，提高小麦产量可能会在一定程度上降低小麦的蛋白质品质。但在一定的区域小麦籽粒产量与蛋白质品质的负相关关系并不显著，这说明通过小麦品种选育、调控栽培等措施的实施，可以在一定程度上实现小麦高产优质的生产目标。

4. 年际和区域间小麦品质性状间相关性的变化

本研究结果表明，容重与蛋白质含量、湿面筋含量均无显著相关关系，说明容重并不能全面地反映小麦籽粒品质的优劣，这与前人的研究结果一致（欧阳韶晖等，1998）。因此，在小麦收储、贸易过程中，应综合考虑容重、蛋白质含量、湿面筋含量、稳定时间等品质性状的表现，将 4 项指标结合起来，更好地反映小麦商品粮的质量水平。

对于小麦的蛋白质品质和面团加工特性来讲，蛋白质含量与沉淀值、稳定时间、最大拉伸阻力等品质性状的相关性随年际、区域的变化而有所不同；湿面筋含量与沉淀值、稳定时间、最大拉伸阻力等品质性状的相关性也有类似表现，这与不同年份或区域的环境条件差异，特别是气候因素的差异有关（兰涛等，2005；袁建等，2000），因为小麦的蛋白质含量、湿面筋含量等品质性状受环境条件变化的影响作用显著，特别是蛋白质含量，受环境条件变化的影响作用更大（45.8%）。不同年份或区域间，沉淀值与稳定时间均呈显著或极显著正相关，稳定时间与最大拉伸阻力二者之间也有类似表现。这说明沉淀值、面团稳定时间、最大拉伸阻力等品质性状间的相关性不随年际、区域的变化而改变。分析原因认为，沉淀值、面团稳定时间和最大拉伸阻力等品质性状主要受品种遗传特性的决定，环境因素的变化对三者无显著影响。

总体来讲，在小麦品质性状中，沉淀值与面团稳定时间呈显著或极显著正相关，稳定时间与最大拉伸阻力呈极显著正相关，且其相关关系不随年份、区域的变化而变化。

6.5　结　　论

① 大田小麦品种的千粒重与最大拉伸阻力呈极显著负相关，蛋白质含量与湿面筋含量呈极显著正相关；沉淀值与稳定时间均呈极显著正相关；稳定时间与最大拉伸阻力呈极显著正相关。

② 仓储小麦的沉淀值与稳定时间呈极显著正相关，稳定时间与最大拉伸阻力呈极显著正相关。

③ 大田主要小麦品种的蛋白质含量与湿面筋含量呈极显著正相关，沉淀值与稳定时间呈显著正相关，稳定时间与最大拉伸阻力呈极显著正相关。生产上小麦品种的籽粒产量与蛋白质品质呈负相关，但在不同的区域，二者之间的相关显著性有所变化。

④ 在所有小麦品质性状中，沉淀值与面团稳定时间呈显著或极显著正相关，稳定时间与最大拉伸阻力呈极显著正相关，且其相关关系不随年份、区域和群体构成的变化而改变。

参考文献

曹莉，王辉，李学军，等. 2003. 黄淮冬麦区小麦品质性状与产量性状的关系研究. 干旱地区农业研究，21(2)：117-122

程国旺，王浩波，黄群策，等. 2003. 面包小麦品质和产量若干性状的相关性. 中国粮油学报，18(4)：15-18

郭世华，王洪刚. 2006. 基因型和环境及其互作对我国冬小麦部分品质性状的影响. 麦类作物学报，26(1)：45-51

荆奇，姜东，戴廷波，等. 2003. 基因型与生态环境对小麦籽粒品质与蛋白质组分的影响. 应用生态学报，14(10)：1649-1653

兰涛，潘洁，姜东，等. 2005. 生态环境和播期对小麦籽粒产量及品质性状间相关性的影响. 麦类作物学报，25(4)：72-78

李宗智，孙馥亭，张彩英，等. 1990. 不同小麦品种品质特性及其相关性的初步研究. 中国农业科学，23(6)：35-41

欧阳韶晖，魏益民，张国权，等. 1998. 陕西关中东部小麦商品粮品质调查分析. 西北农业大学学报，26(4)：10-15

吴东兵，曹广才，强小林，等. 2003. 西藏和北京异地种植小麦的品质变化. 应用生态学报，14(12)：2195-2199

杨学举，荣广哲，卢桂芬. 2001. 优质小麦重要性状的相关分析. 麦类作物学报，21(2)：35-37

袁建，鞠兴荣，汪海峰，等. 2000. 品种及种植地域对小麦主要品质性状影响的研究. 中国粮油学报，15(5)：41-44

赵广才，何中虎，刘利华，等. 2004. 肥水调控对强筋小麦中优 9507 品质与产量协同提高的研究. 中国农业科学，37(3)：351-356

赵莉，汪建来，赵竹，等. 2006. 我国冬小麦品种(系)主要品质性状的表现及其相关性. 麦类作物学报，26(3)：87-91

Kindred D R，Verhoeven T M O，Weightman R M，et al. 2008. Effects of variety and fertiliser nitrogen on alcohol yield，grain yield，starch and protein content，and protein composition of winter wheat. Journal of Cereal Science，(48)：46-57

Peterson C J，Graybosch R A，Shelton D R，et al. 1998. Baking quality of hard winter wheat：Response of cultivars to environment in the Great Plains . Euphytica，100(1-3)：157-162

第7章 黄淮冬麦区小麦质量分析与研究

7.1 黄淮冬麦区的小麦生产

7.1.1 中国小麦生产

小麦是中国主要的粮食作物，也是重要的商品粮和主要的粮食储备品种。1980～2009年小麦的年平均播种面积为27 493×10^3hm^2，年平均总产量为9515万t。中国小麦种植面积总体呈现下降趋势。1980～1997年小麦种植面积呈现波动性变化，并有所增加；1992年小麦种植面积达到最高水平，为30 948×10^3hm^2。1997～2004年小麦种植面积急剧下降，由1997年的30 058×10^3hm^{2}降至2004年的21 626×10^3hm^2。2004年以来，小麦种植面积有所增长，但增长幅度较小，年平均增加2.4%。2009年小麦种植面积为24 291×10^3hm^2。中国冬小麦种植面积的变化与小麦总播种面积的变化类似，但冬小麦种植面积在小麦总种植面积中所占的比例不断增加。2003年冬小麦种植面积占小麦总种植面积的比例最高，为93.5%；2009年为91.4%(图7.1)。

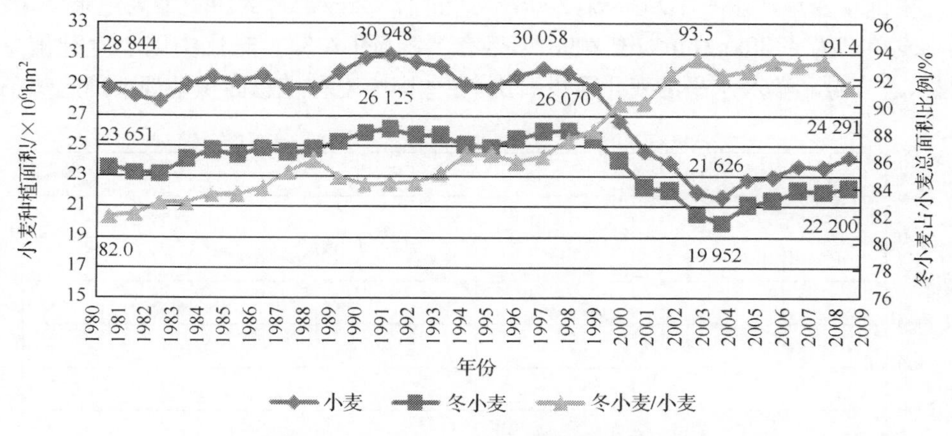

图7.1 1980～2009年中国小麦种植面积

数据来源于《中国统计年鉴》(1981～2010年)

1980～1997年小麦总产量和冬小麦产量总体呈增长态势；1997年小麦总产量达到12 329万t的历史最高水平，冬小麦产量同时达到了11 083万t的历史最高纪录。1997～2004年中国小麦总产量和冬小麦的总产量连续6年持续减产。

2000 年中国小麦总产量降至 1 亿 t 以下，到 2003 年小麦总产量降至 8649 万 t，较之 1997 年减少了 3680 万 t，减幅高达 30%；冬小麦产量也大幅下降。2004～2009 年中国小麦总产量持续增长。2006 年中国小麦总产量重新上升到 1 亿 t 以上；2009 年中国小麦总产量达到 11 512 万 t。冬小麦产量在小麦总产量中所占比例不断提高，从 1980 年的 84.2%提高到 2009 年的 93.6%(图 7.2)。

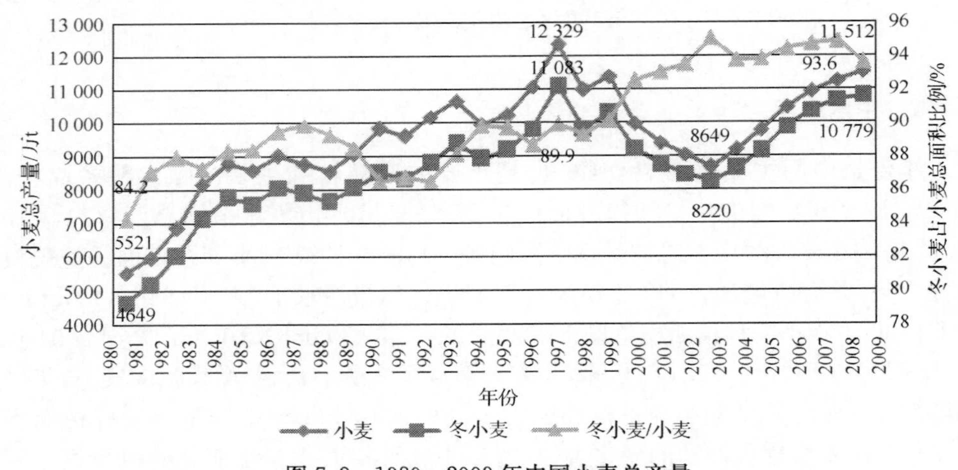

图 7.2　1980～2009 年中国小麦总产量

数据来源于《中国统计年鉴》(1981～2010 年)

中国小麦单产水平不断提高，2008 年达到 4763kg/hm^2 的历史最高纪录；2009 年小麦单产为 4739kg/hm^2，较 2008 年略有下降(图 7.3)。对比中国小麦种植总面积、总产量和单产水平的变化可以看出，在中国小麦种植总面积呈现下降趋势条

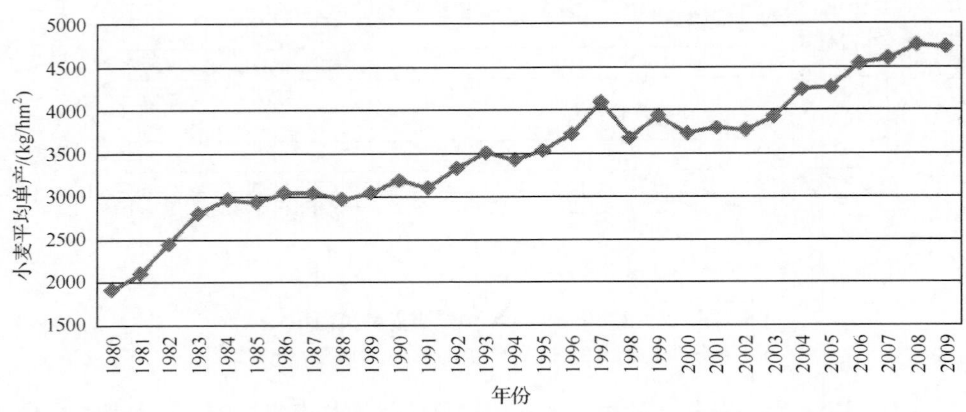

图 7.3　1980～2009 年中国小麦平均单产

数据来源于《中国统计年鉴》(1981～2010 年)

件下，小麦的总产量仍表现出增长态势，说明小麦总产量的提高主要与小麦单产水平的提高有关。

7.1.2 黄淮冬麦区小麦生产

黄淮冬麦区是中国小麦主要产区之一，横跨陕(关中地区)、冀(冀中南部地区)、豫(豫中北部地区)、鲁、皖(北部地区)、苏(北部地区)等6省，全区小麦种植面积占中国小麦种植总面积的60%以上，小麦产量占中国小麦总产量的70%以上，商品粮贡献率占50%以上，在中国小麦生产中占有十分重要的地位。陕、冀、豫、鲁4省是黄淮冬麦区重要产区。1985～2009年4省小麦种植面积之和占中国小麦种植总面积的比例平均为46.8%；2009年4省小麦种植面积之和占中国小麦种植总面积的比例为50.8%。1985～2009年4省小麦产量之和占中国小麦总产量的比例平均为53.8%；2009年4省小麦产量之和占中国小麦总产量的比例平均为58.3%。

1985年以来，陕西省小麦种植总面积逐年减少；河南省小麦种植面积表现为增加的趋势；河北省与山东省小麦种植面积与中国小麦种植面积的变化趋势相似，但山东省小麦种植面积减小的幅度比较明显(图7.4)。2007年以来，各主产区小麦种植面积趋于稳定。

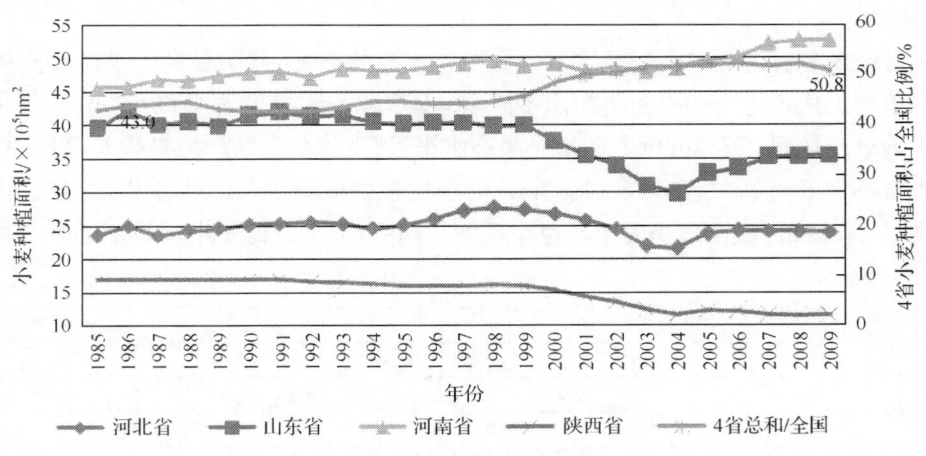

图7.4 黄淮冬麦区主产省小麦种植面积

数据来源于《中国统计年鉴》(1986～2010年)

1985年以来，河南与河北两省小麦产量表现为增加的趋势，河南省小麦产量增幅明显。2009年河南省小麦总产量达到3056.0万t的历史最高水平。山东省小麦产量表现为波动性变化。1985～1997年山东省小麦产量逐年提高；1997年小麦产量达到2241.3万t的历史最高纪录；但1997年之后连续5年持续下降，2002年小麦产量水平降至最低，为1547.0万t，几乎与1985年持平。2002年以后，随着山东省小麦种植面积和小麦单产水平的不断提高，小麦产量连续 7 年持续增长。2008 年山东省小麦总产量重新回到 2000 万 t 以上的水平。陕西省小麦产量总体上变化不大，但与 1985 年相比，2009 年陕西省小麦产量减少了 40.2 万 t，与 1997 年的历史最高水平 562.7 万 t 相比，2009 年陕西省小麦产量减少了 179.6 万 t（图 7.5）。

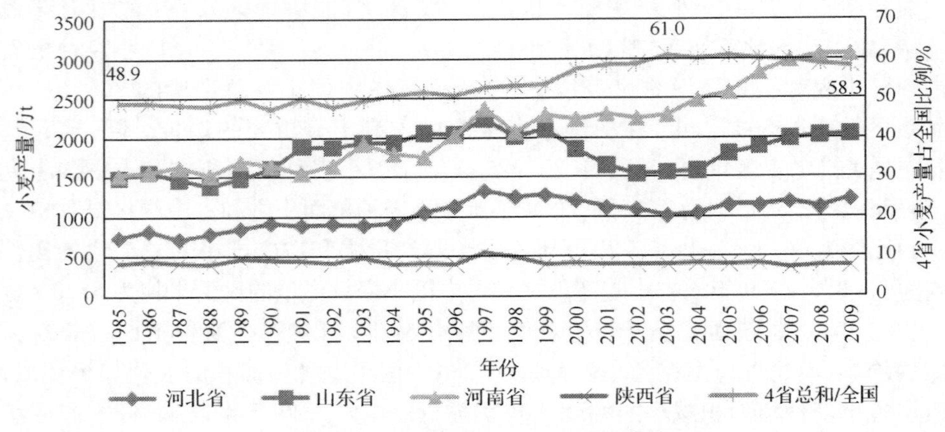

图 7.5 黄淮冬麦区主产省小麦产量

数据来源于《中国统计年鉴》(1986～2010 年)

黄淮冬麦区主产省小麦平均单产呈逐年提高的态势，且明显高于中国小麦的平均单产。从各主产省小麦单产水平来看，山东省小麦单产水平最高，2009 年小麦平均单产达到 5775kg/hm^2 的历史最高水平；河南省小麦单产增幅最大，2009 年河南省小麦平均单产达到 5806kg/hm^2 的历史最好纪录，与 1985 年相比，每公顷提高了 2461kg。陕西省小麦单产也呈现增长趋势，但一直低于中国小麦的平均单产（图 7.6）。

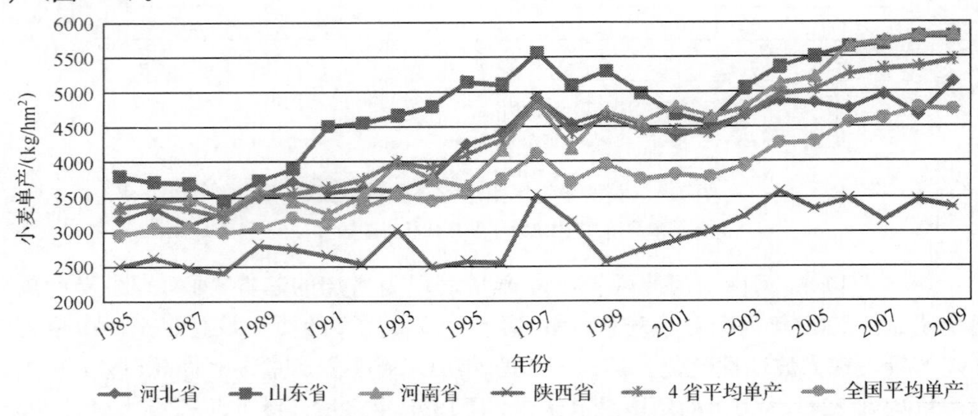

图 7.6 黄淮冬小麦主产区小麦单产

数据来源于《中国统计年鉴》(1986～2010 年)

7.2　黄淮冬麦区的小麦籽粒质量

7.2.1　引言

小麦品种的籽粒品质是构成小麦商品粮品质的基础，小麦商品粮品质是粮食和食品加工企业最为关心的产品品质。小麦品种品质的研究结果应服务于育种工作者、生产者，最终应服务于粮食和食品加工企业，满足消费者的消费需求。

黄淮冬麦区是中国小麦主要产区之一，全区小麦种植面积、产量分别占全国总量的 60%、70%以上，商品粮贡献率占 50%以上，在中国小麦生产中占有十分重要的地位。开展小麦主产区小麦品种品质分析及加工利用研究，可为所有用户提供当年小麦主产区小麦品种及种植区域信息、商品粮品质现状，小麦品种的产量及产量潜力，小麦品种籽粒质量在生产上的表现和质量稳定性，以及优质小麦生产的发展趋势，以指导小麦生产，保障粮食安全，提高生产者的经济效益和产品质量。

本章通过对黄淮冬麦区部分主产省农户大田小麦、仓储小麦进行抽样调查，分析和评价生产上大面积种植的小麦、仓储小麦样品的品质性状。

7.2.2　实施方案和过程

1. 实施方案

在实施过程中首先编制了《小麦籽粒质量调查指南(2008 年版)》，制订了工作计划，统一标准和方法，组织培训了参与单位的技术骨干。

实施原则为：以小麦主产区黄淮冬麦区为基地，结合各单位已有工作基础，选河南、山东各 2 个区域，河北、陕西各 1 个区域，由 1 个科研院所具体负责；开展采样技术和具体要求培训。每个区域内选 3 个主产地区，每个地区选 3 个主产县(区、市)，每个县(区、市)选 3 个主产乡镇；每个乡镇选该乡镇种植的主要栽培品种，并选代表性农户。夏收前，向选定农户介绍取样方法，发放取样袋，标签纸，纪录表格等。每个品种抽取样品 5 公斤。在相应乡镇的粮食收储库或收储点，抽取当年收购的商品小麦样品 5 公斤。

2. 实施过程

2008 年在河南、河北、山东、陕西 4 个省份 6 个区域、17 个地区、51 个县(区、市)、162 个乡镇收取农户田间小麦样品 495 份[包括 98 个品种(系)]；对应乡镇仓储小麦样品 156 份(表 7.1)。分析和评价小麦主产区生产上大面积种植的农户田间小麦样本和粮库商品小麦样本的品质性状。

2009 年在河南、河北、山东、陕西 4 个省份 6 个区域、17 个地区、51 个县(区、市)、162 个乡镇收取农户田间小麦样品 485 份[包括 86 个品种(系)];对应乡镇仓储小麦样品 162 份(表 7.1)。分析和评价小麦主产区生产上大面积种植的农户田间小麦样本和粮库商品小麦样本的品质性状。

2010 年在河南、河北、山东、陕西 4 个省份 5 个区域、14 个地区、43 个县(区、市)、135 个乡镇抽样调查农户田间小麦及仓储小麦质量。2010 年抽取农户田间小麦样品 405 份[包括 73 个品种(系)],对应乡镇仓储小麦样品 106 份(表 7.1)。分析和评价小麦主产区生产上大面积种植的农户田间小麦样本和粮库收储小麦样本的品质性状。

表 7.1　调查取样省市县区及取样数量

省份	年份	地区	县(区、市)	田间样本数	粮库样本数
河南	2008	安阳、鹤壁、商丘、新乡、驻马店	安阳县、滑县、林州市、睢县、民权县、宁陵县、浚县区、淇县、淇滨区、延津县、新乡县、长垣县、辉县市、西平县、遂平县、上蔡县	162	54
	2009	安阳、鹤壁、商丘、新乡、驻马店	安阳县、滑县、林州市、睢县、民权县、宁陵县、浚县区、淇县、淇滨区、延津县、新乡县、长垣县、辉县市、西平县、遂平县、上蔡县	162	54
	2010	安阳、鹤壁、商丘、新乡、驻马店	安阳县、滑县、林州市、睢县、民权县、宁陵县、浚县区、淇县、淇滨区、延津县、新乡县、长垣县、辉县市、西平县、遂平县、上蔡县	162	52
河北	2008	沧州、衡水、石家庄	献县、吴桥县、盐山县、阜城县、深州市、冀州市、无极县、赵县、辛集市	81	27
	2009	沧州、衡水、石家庄	献县、吴桥县、盐山县、阜城县、深州市、冀州市、无极县、赵县、辛集市	81	27
	2010	沧州、衡水、石家庄	献县、吴桥县、盐山县、阜城县、深州市、冀州市、无极县、赵县、辛集市	81	27
山东	2008	临沂、潍坊、青岛、泰安、聊城、济宁	郯城县、沂南县、苍山县、胶州市、平度市、胶南市、高密市、诸城市、安丘市、兖州市、汶上县、曲阜市、茌平县、东昌府区、肥城市、宁阳县、岱岳区	160	49
	2009	临沂、潍坊、青岛、泰安、聊城、济宁	郯城县、沂南县、苍山县、胶州市、平度市、胶南市、高密市、诸城市、安丘市、兖州市、汶上县、曲阜市、茌平县、东昌府区、肥城市、宁阳县、岱岳区	162	54
	2010	济宁、聊城、泰安	曲阜市、汶上县、兖州市、茌平县、东阿县、东昌府区、岱岳区、肥城市、宁阳县	81	27

续表

省份	年份	地区	县(区、市)	田间样本数	粮库样本数
陕西	2008	宝鸡、咸阳、渭南	凤翔县、扶风县、富平县、泾阳县、临渭区、蒲城县、岐山县、三原县、武功县	92	26
	2009	宝鸡、咸阳、渭南	凤翔县、扶风县、富平县、泾阳县、临渭区、蒲城县、岐山县、三原县、武功县	80	27
	2010	宝鸡、咸阳、渭南	凤翔县、扶风县、富平县、泾阳县、临渭区、蒲城县、岐山县、三原县、武功县	81	0
合计				1385	424

2010 年开展了豫北、冀中区域小麦籽粒产量和质量调查。在前期调查布点的基础上，2010 年 6 月夏收时，在豫北地区(新乡市、安阳市)和冀中地区(石家庄市)选 3 个乡(镇)，每个乡(镇)选该乡(镇)种植的主要栽培品种；在保证采样点均匀分布的基础上，现场走访农户，在其田块取 3 个采样点；每个采样点 $2m^2$，即收割 $6m^2$ 小麦样品。收获后的小麦样品经晾晒后，在当地脱粒；籽粒装入网袋备用。2010 年在新乡市采集小麦样品 20 份，安阳市 11 份，石家庄市 29 份，共计 60 份。

3. 籽粒品质分析方法

① 千粒重测定参照 GB/T 5519—2008《谷物与豆类 千粒重测定》。

② 容重测定参照 GB/T 5498—85《粮食、油料检验 容重测定法》。

③ 籽粒硬度测定参照 GB/T 21304—2007《小麦硬度测定 硬度指数法》。

④ 籽粒蛋白质含量参照 GB/T 24899—2010《粮油检验 小麦粗蛋白质含量测定 近红外法》，采用 Perten 公司生产的 DA7200 型近红外分析仪测定。

⑤ 小麦籽粒颜色及面粉色泽采用日本美能达 CR-410 型色彩色差计测定，得 L^*、a^* 和 b^* 3 个参数，分别代表亮度值、红度值和黄度值。

⑥ 出粉率参照 NYT 1094.1—2006《小麦实验制粉》规定方法，采用 Brabender Senior 实验磨粉机测定。

⑦ 籽粒和面粉灰分含量参照 GB/T 24872—2010《粮油检验 小麦粉灰分含量测定 近红外法》，采用 Perten 公司生产的 8600 型近红外成分测定仪(灰分型)测定。

⑧ 湿面筋含量参照 GB/T 5506.1—2008《小麦和小麦粉 面筋含量》(手洗法测定湿面筋)。

⑨ 沉淀值测定参照 GB/T 21119—2007《小麦 沉降指数测定法 Zeleny 试验》。

⑩ 降落数值参考 GB/T 10361—2008《小麦、黑麦及其面粉，杜伦麦及其粗粒粉降落数值的测定 Hagberg-Perten 法》，采用瑞典波通 1900 型降落数值仪测定。

⑪ 淀粉糊化特性参考 GB/T 28453—2010《小麦、黑麦及其分类和淀粉糊化特性测定 快速黏度仪法》进行测定。

⑫ 粉质参数参照 GB/T 14614—2006《小麦粉 面团的物理特性 吸水量和流变学特性的测定:粉质仪法》。

⑬ 拉伸参数参照 GB/T 14615—2006《小麦粉 面团的物理特性 流变学特性测定:拉伸仪法》。

7.2.3 调查研究结果

1. 2008 年调查研究结果

1) 样品数量

2008 年在调查的 4 省 17 个地区共抽取到 495 份农户田间小麦样品[包括 98 个品种(系)]和 156 份仓储小麦样品。

2) 农户田间样品

小麦千粒重的平均值为 41.9g,容重的平均值为 790.5g/L,降落数值均在 300s 以上。小麦样品蛋白质含量的平均值为 14.1%,变幅为 13.3%~15.0%;湿面筋含量的平均值为 31.8%,变幅为 28.9%~35.7%;沉淀值的平均值为 33.1ml,变幅为 20.5~53.0ml。小麦样品面粉吸水率的平均值为 59.9%,变幅为 57.3%~64.6%;稳定时间的平均值为 6.8min,变幅为 3.1~14.3min。5cm 拉伸阻力平均值为 268.5BU,变幅为 159.2~368.0BU,最大拉伸阻力平均值为 376.2BU,变幅为 249.3~515.9BU。

根据农户田间小麦样本的品质分析结果,仅以面团稳定时间≥7.0min 为评价依据,有 31.5%的样品达到国家优质强筋小麦 2 级标准。若同时以容重(≥770g/L)、蛋白质含量(≥14.0%)、湿面筋含量(≥32.0%)和稳定时间(≥7.0min)4 项指标均达到标准为评价依据,仅有 8.7%的样品达到国家优质强筋小麦 2 级标准。以一个地区为单位,仅以稳定时间(≥7.0min)简单综合判断,有 38.9%的农户田间小麦样本达到了国家优质强筋小麦 2 级标准。若同时以容重(≥770g/L)、蛋白质含量(≥14.0%)、湿面筋含量(≥32.0%)和稳定时间(≥7.0min)4 项指标均达到标准为评价依据,仅有 5.6%的农户田间小麦样本达到了国家优质强筋小麦 2 级标准。

3) 粮库仓储样品

小麦千粒重的平均值为 41.6g,容重的平均值为 784.1g/L。小麦样品蛋白质含量的平均值为 14.0%,变幅为 13.3%~15.0%;湿面筋含量的平均值为 31.3%,变幅为 27.3%~36.2%;沉淀值的平均值为 32.3ml,变幅为 21.6~48.6ml。小麦样品面粉吸水率的平均值为 59.8%,变幅为 56.4%~62.4%;稳定时间的平均值为 4.2min，变幅为 1.9～8.0min。5cm 拉伸阻力的平均值为 215.0BU，变幅为 140.7～267.0BU；最大拉伸阻力的平均值为 283.7BU，变幅为 183.2～403.2BU。

根据仓储小麦样本的品质分析结果，仅以面团稳定时间≥7.0min 为评价依据，有 9.6%的样品达到国家优质强筋小麦 2 级标准。若同时以容重(≥770g/L)、蛋白质含量(≥14.0%)、湿面筋含量(≥32.0%)和稳定时间(≥7.0min)4 项指标均达到标准为评价依据，仅有 3.8%的样品达到国家优质强筋小麦 2 级标准。以一个地区为单位对粮库样本进行综合判断，仅以面团稳定时间≥7.0min 为评价依据，有 5.6%的粮库样本达到国家优质强筋小麦 2 级标准。若同时以容重(≥770g/L)、蛋白质含量(≥14.0%)、湿面筋含量(≥32.0%)和稳定时间(≥7.0min)4 项指标均达到标准为评价依据，以一个地区为单位进行简单综合判断，粮库样本均未达到国家优质强筋小麦标准。

粮库样本的品质性状低于田间样本的品质性状，特别是面团稳定时间和拉伸阻力的差距较大。其原因一方面可能与田间样本抽样时选择每个乡镇种植面积最大的前 5 个小麦品种，以及这 5 个主栽品种的强筋优质率较高有关；另一方面可能与粮库样本为一个乡镇所有小麦品种的混合样本，中、弱筋品种所占比例较高(接近 2/3)，以及弱筋品种较强的品质负向混粉效应有关。

2. 2009 年调查研究结果

1) 样品数量

2009 年在调查的 4 省 17 个地区共抽取到 485 份农户田间小麦样品[包括 86 个品种(系)]和 162 份仓储小麦样品。

2) 农户田间样品

小麦千粒重的平均值为 40.8g，容重的平均值为 789.4g/L，降落数值在 300s 以上的占样品总数的 89.5%。小麦样品蛋白质含量的平均值为 13.6%，变幅为 12.7%～14.7%；湿面筋含量的平均值为 30.2%，变幅为 13.8%～35.7%；沉淀值的平均值为 33.3ml，变幅为 22.7～53.8ml。小麦样品面粉吸水率的平均值为 61.8%，变幅为 57.5%～67.6%；稳定时间的平均值为 5.3min，变幅为 2.5～13.5min。5cm 拉伸阻力的平均值为 196.2BU，变幅为 35.0～585.0BU；最大拉伸阻力的平均值为 284.0BU，变幅为 35.0～959.5BU。

根据农户田间小麦样本的品质分析结果，仅以面团稳定时间≥7.0min 为评价依据，有 21.0%的样品达到国家优质强筋小麦 2 级标准。若同时以容重(≥770g/L)、蛋白质含量(≥14.0%)、湿面筋含量(≥32.0%)和稳定时间(≥7.0min)4 项指标均达到标准为评价依据，仅有 3.5%样品达到国家优质强筋小麦 2 级标准。以一个地区为单位，仅以稳定时间(≥7.0min)为评价依据，有 22.2%的农户田间小麦样本达到国家优质强筋小麦 2 级标准。若同时以容重(≥770g/L)、蛋白质含量(≥14.0%)、湿面筋含量(≥32.0%)和稳定时间(≥7.0min)4 项指标均达到标准为评价依据,没有样本达到国家优质强筋小麦 2 级标准。2009 年田间小麦样品的质量状况明显低于 2008 年。

3) 粮库仓储样品

小麦千粒重的平均值为 40.6g,容重的平均值为 785.6g/L。小麦样品蛋白质含量的平均值为 13.3%,变幅为 12.0%～14.5%;湿面筋含量的平均值为 30.3%,变幅为 26.4%～36.1%;沉淀值的平均值为 32.3ml,变幅为 22.2～52.1ml。小麦样品面粉吸水率的平均值为 61.4%,变幅为 56.7%～68.9%;稳定时间的平均值为 4.5min,变幅为 2.2～13.4min。5cm 拉伸阻力的平均值为 178.6BU,变幅为 82.1～352.3BU;最大拉伸阻力的平均值为 237.7BU,变幅为 89.0～459.20BU。

根据仓储小麦样本的品质分析结果,仅以面团稳定时间≥7.0min 为评价依据,有 12.3%的样品达到国家优质强筋小麦 2 级标准。若同时以容重(≥770g/L)、蛋白质含量(≥14.0%)、湿面筋含量(≥32.0%)和稳定时间(≥7.0min)4 项指标均需达到标准为依据,仓储小麦样品均未达到国家优质强筋小麦标准。以一个地区为单位,仅以稳定时间≥7.0min 为评价依据,有 11.1%的粮库样本达到国家优质强筋小麦 2 级标准。若同时以容重(≥770g/L)、蛋白质含量(≥14.0%)、湿面筋含量(≥32.0%)和稳定时间(≥7.0min)4 项指标均达到标准为评价依据,粮库样本均未达到国家优质强筋小麦标准。

粮库样品的品质性状普遍低于田间样品的品质性状。2009 年粮库小麦样品的质量状况明显低于 2008 年粮库样品,主要是由于 2009 年粮库小麦样品的蛋白质含量低于 2008 年。

3. 2010 年调查研究结果

1) 样品数量

2010 年在调查的 4 省 14 个地区共抽取到 405 份农户田间小麦样品[包括 73 个品种(系)]和 106 份仓储小麦样品。

2) 农户田间样品

小麦千粒重的平均值为 43.2g,容重的平均值为 795.2g/L,除河南驻马店外,降落数值均在 300s 以上。小麦样品蛋白质含量的平均值为 14.0%,变幅为 12.3%～15.4%;湿面筋含量的平均值为 31.2%,变幅为 25.2%～36.2%;沉淀值的平均值为 33.7ml,变幅为 21.4～57.9ml。小麦样品面粉吸水率的平均值为 59.8%,变幅为 54.5%～63.8%;稳定时间的平均值为 5.3min,变幅为 2.4～12.0min。5cm 拉伸阻力的平均值为 187.7BU,变幅为 102.4～273.0BU,最大拉伸阻力的平均值为 253.1BU，变幅为 125.6～372.8BU。

根据农户田间小麦样本的品质分析结果，仅以面团稳定时间≥7.0min 为评价依据，有 15.3%的样品达到国家优质强筋小麦 2 级标准。若同时以容重(≥770g/L)、蛋白质含量(≥14.0%)、湿面筋含量(≥32.0%)和稳定时间(≥7.0min)4 项指标均达到标准为评价依据，有 3.2%的样品达到国家优质强筋小麦 2 级标准。以一个地区为单位，仅以稳定时间(≥7.0min)为评价依据，有 20.0%的农户田间小麦样本达到国家优质强筋小麦 2 级标准。若同时以容重(≥770g/L)、蛋白质含量(≥14.0%)、湿面筋含量(≥32.0%)和稳定时间(≥7.0min)4 项指标均达到标准为评价依据，没有样本达到国家优质强筋小麦 2 级标准。

3) 粮库仓储样品

小麦千粒重的平均值为 43.5g，容重的平均值为 796.2g/L。小麦样品蛋白质含量的平均值为 13.8%，变幅为 12.5%～15.1%；湿面筋含量的平均值为 30.1%，变幅为 24.7%～34.6%；沉淀值的平均值为 34.0ml，变幅为 23.0～56.2ml。小麦样品面粉吸水率的平均值为 59.7%，变幅为 54.6%～62.7%；稳定时间的平均值为 4.9min，变幅为 2.4～8.6min。5cm 拉伸阻力的平均值为 196.5BU，变幅为 99.3～362.3BU；最大拉伸阻力的平均值为 270.1BU，变幅为 117.9～561.8BU。

根据仓储小麦样本的品质分析结果，仅以面团稳定时间≥7.0min 为评价依据，有 17.0%的样品达到国家优质强筋小麦 2 级标准。若同时以容重(≥770g/L)、蛋白质含量(≥14.0%)、湿面筋含量(≥32.0%)和稳定时间(≥7.0min)4 项指标均达到标准为评价依据，仅有 0.9%的样品达到国家优质强筋小麦 2 级标准。以一个地市为单位，仅以面团稳定时间≥7.0min 为评价依据，有 26.7%的粮库样本达到国家优质强筋小麦 2 级标准 。若同时以容重(≥770g/L)、蛋白质含量(≥14.0%)、湿面筋含量(≥32.0%)和稳定时间(≥7.0min)4 项指标均达到标准为评价依据，粮库样本均未达到国家优质强筋小麦标准。

2010 年田间小麦样品的容重平均为 795.2g/L，蛋白质含量平均为 14.0%，湿面筋含量平均为 31.2%，稳定时间平均为 5.3min。仓储小麦样品的容重平均为 796.2g/L，蛋白质含量平均为 13.8%，湿面筋含量平均为 30.1%，稳定时间平均为 4.9min。田间小麦与仓储小麦的容重和稳定时间无显著差异，而蛋白质含量、湿面筋含量等品质性状均存在显著差异。与田间小麦相比，仓储小麦的蛋白质含量、湿面筋含量分别低 0.2%、1.1%。

4) 豫北、冀中农户田间样品

2010 年在豫北、冀中开展的区域小麦籽粒产量和质量调查中，3 个地区小麦单产水平为(506±85.16)公斤/亩。其中，新乡地区为(531±67.63)公斤/亩；安阳地区为(494±68.47)公斤/亩；石家庄地区为(494±99.29)公斤/亩。‘矮抗 58’的平均亩产量最高，为(533±64.97)公斤/亩，其次为‘西农 979’、‘衡观 35’、‘周麦 16’、‘石新 828’，平均亩产量分别为(502±123.33)公斤/亩、(500±90.14)公斤/亩、(495±67.65)公斤/亩、(488±106.49)公斤/亩。

仅以稳定时间≥7.0min 为评价依据，有 45.0%的样品达到国家优质强筋小麦 2 级标准(GB/T 17892—1999)。若同时以容重(≥770g/L)、蛋白质含量(≥14.0%)、湿面筋含量(≥32.0%)和稳定时间(≥7.0min)4 项指标均达到标准要求为评价依据，所有样品均未达到国家优质强筋小麦标准。

4. 2008～2010 年调查研究结论

1) 生产上小麦品种数量呈现集中趋势

在 2008～2009 年调查的 4 省 17 个地区和在 2010 年调查的 4 省 14 个地区，共抽取到 1385 份农户田间小麦样品和 424 份仓储小麦样品。1385 份农户田间小麦样品由 153 个品种(系)组成。2008 年 4 省 17 个地区共抽取到 98 个品种(系)；2009 年 4 省 17 个地区共抽取到 86 个品种(系)；2010 年 4 省 14 个地区共抽取到 73 个品种(系)。生产上种植的小麦品种数量有所减少，品种有趋于集中的趋势。

2) 小麦品种的单产水平较高

2010 年在豫北(新乡和安阳)、冀中(石家庄)开展的区域小麦籽粒产量和质量调查中，3 个地区小麦单产水平平均为(506±85.16)公斤/亩。其中，新乡地区为(531±67.63)公斤/亩；安阳地区为(494±68.47)公斤/亩；石家庄地区为(494±99.29)公斤/亩。‘矮抗 58’的平均亩产量最高，为(533±64.97)公斤/亩，其次为‘西农 979’、‘衡观 35’、‘周麦 16’、‘石新 828’，平均亩产量分别为(502±123.33)公斤/亩、(500±90.14)公斤/亩、(495±67.65)公斤/亩、(488±106.49)公斤/亩。调查到的 60 份农户田间小麦品种样品中，58.3%的产量达到 500 公斤/亩以上，最高产量达 739 公斤/亩。小麦品种的单产水平较高。

3) 黄淮冬麦区生产上的优质小麦比例较低

2008 年、2009 年和 2010 年，黄淮冬麦区田间小麦样品稳定时间≥7.0min 的比例分别为 31.5%、21.0%、15.3%，3 年平均为 22.6%(表 7.2)。同时满足容重(≥770g/L)、蛋白质含量(≥14.0%)、湿面筋含量(≥32.0%)和稳定时间(≥7.0min)标准的比例分别为 8.7%、3.5%、3.2%，3 年平均为 5.1%，呈现下降趋势(表 7.2)。

2008 年、2009 年和 2010 年，黄淮冬麦区粮库仓储小麦样品稳定时间(≥7.0min)的比例分别为 9.6%、12.3%、17.0%，3 年平均为 13.0%(表 7.2)。同时满足容重达(≥770g/L)、蛋白质含量(≥14.0%)、湿面筋含量(≥32.0%)和稳定时间(≥7.0min)的比例分别为 3.8%、0、0.9%，3 年平均为 1.6%，也呈现下降趋势(表 7.2)。

黄淮冬麦区生产上的优质强筋小麦低于 10%，粮库仓储小麦优质强筋小麦低于5%，难以满足现代食品加工业对优质小麦的需求，品质改良和保优栽培措施还需加强。

表7.2　黄淮冬麦区农户田间小麦和粮库仓储小麦优质强筋小麦比例

年份	农户田间样品/%			粮库仓储样品/%		
	样本数	稳定时间≥7.0min	容重≥770g/L 蛋白质≥14.0% 湿面筋≥32.0% 稳定时间≥7.0min	样本数	稳定时间≥7.0min	容重≥770g/L 蛋白质≥14.0% 湿面筋≥32.0% 稳定时间≥7.0min
2008	495	31.5	8.7	156	9.6	3.8
2009	485	21.0	3.5	162	12.3	0
2010	405	15.3	3.2	106	17.0	0.9
平均		22.6	5.1		13.0	1.6

4）稳定时间较短是优质小麦比例较低的主要原因

2008年、2009年、2010年，农户田间小麦样品容重≥770g/L的比例分别为85.5%、79.6%、90.4%，3年平均为85.2%；蛋白质含量≥14.0%的比例分别为55.2%、32.2%、53.8%，3年平均为47.1%；湿面筋含量≥32.0%的比例分别为45.5%、35.9%、46.4%，3年平均为42.6%；稳定时间≥7.0min的比例分别为31.5%、21.0%、15.3%，3年平均为22.6%(表7.3)。同时达到以上4个指标的理论优质率3年分别是6.8%、1.9%和3.5%，3年平均仅为4.1%。

2008年、2009年、2010年，仓储小麦样品容重≥770g/L的比例分别为79.5%、71.6%、94.3%，3年平均为81.8%；蛋白质含量≥14.0%的比例分别为51.9%、25.9%、44.3%，3年平均为40.7%；湿面筋含量≥32.0%的比例分别为40.4%、35.2%、34.0%，3年平均为36.5%；稳定时间≥7.0min的比例分别为9.6%、12.3%、17.0%，3年平均为13.0%(表7.3)。同时达到以上4个指标的理论概率3年分别是1.6%、0.8%和2.4%，3年平均仅为1.6%。

表7.3　黄淮冬麦区农户田间样品和粮库仓储样品的品质性状达标率

年份	农户田间样品/%					粮库仓储样品/%				
	容重≥770g/L	蛋白质≥14.0%	湿面筋≥32.0%	稳定时间≥7.0min	理论优质率	容重≥770g/L	蛋白质≥14.0%	湿面筋≥32.0%	稳定时间≥7.0min	理论优质率
2008	85.5	55.2	45.5	31.5	6.8	79.5	51.9	40.4	9.6	1.6
2009	79.6	32.2	35.9	21.0	1.9	71.6	25.9	35.2	12.3	0.8
2010	90.4	53.8	46.4	15.3	3.5	94.3	44.3	34.0	17.0	2.4
平均	85.2	47.1	42.6	22.6	4.1	81.8	40.7	36.5	13.0	1.6

小麦样品的稳定时间较短是优质小麦比例较低的主要原因，其次是湿面筋含量和蛋白质含量较低。

5）黄淮冬麦区农户田间小麦品质优于粮库仓储小麦

2008、2009 和 2010 年，田间小麦样品的容重分别为(790.5±11)g/L、(789.4±23.6)g/L、(795.2±13.7)g/L，3 年平均为 791.7g/L；蛋白质含量分别为(14.0±0.4)%、(13.6±0.6)%、(14.0±0.7)%，3 年平均为 13.9%；湿面筋含量分别为(31.8±2.3)%、(30.2±4.8)%、(31.2±3.2)%，3 年平均为 31.1%；稳定时间分别为(6.8±2.9)min、(5.3±2.8)min、(5.3±3.0)min，3 年平均为 5.8min。

2008、2009 和 2010 年，仓储小麦样品的容重分别为(784.1±15.7)g/L、(785.6±25.8)g/L、(796.2±9.8)g/L，3 年平均为 788.7g/L；蛋白质含量为(14.0±0.5)%、(13.3±0.6)%、(13.8±0.8)%，3 年平均为 13.7%；湿面筋含量为(31.3±3.0)%、(30.3±3.2)%、(30.1±3.5)%，3 年平均为 30.6%；稳定时间为(4.2±1.7)min、(4.5±2.7)min、(4.9±2.6)min，3 年平均为 4.5min。

3 年田间小麦与仓储小麦的湿面筋含量无显著差异；田间小麦的容重、蛋白质含量、稳定时间分别比仓储小麦显著高出 4g/L、0.2%和 1.4min。农户田间小麦品质优于仓储小麦。

6）鉴定出一批品质较为稳定的优质小麦品种

以小麦品种(系)平均质量性状为统计数据，2008 年田间小麦面团稳定时间≥7.0min 的小麦品种(系)有‘西农 979’(16/28，16 表示面团稳定时间≥7.0min 的该品种的样品数量，28 表示当年采集到该品种的样品总量，下同。)、‘济南 17’(9/9)、‘邯 7086’(6/6)、‘郑麦 9023’(5/7)、‘山农 12’(6/14)、‘郑麦 366’(4/4)、‘师滦 02-1’(6/6)、‘新麦 18’(5/8)、‘西农 88’(3/7)、‘石优 17’(3/3)、‘泰麦 1 号’(3/3)、‘新麦 19’(3/4)、‘丰舞 981’(1/1)、‘烟农 19’(10/12)、‘济麦 20’(10/11)、‘济宁 16 号’(6/6)、‘藁优 9415’(8/8)、‘烟农 21’(3/4)、‘烟农 23’(4/6)、‘清丰 1 号’(3/3)、‘淄麦 12’(4/8)、‘藁优 8901’(4/4)，共计 22 个，占当年采样品种(系)总数(98 个)的 22.4%。

2009 年田间小麦面团稳定时间≥7.0min 的小麦品种(系)有‘西农 979’(15/23)、‘济南 17’(5/8)、‘邯 7086’(4/9)、‘郑麦 9023’(1/5)、‘郑麦 366’(3/8)、‘师滦 02-1’(3/3)、‘新麦 18’(2/3)、‘西农 88’(1/1)、‘石优 17’(3/3)、‘泰麦 1 号’(2/3)、‘新麦 19’(3/4)、‘丰舞 981’(1/4)、‘烟农 19’(6/8)、‘济麦 20’(4/8)、‘济宁 16 号’(4/6)、‘藁优 9415’(2/2)、‘烟农 21’(5/5)、‘烟农 23’(2/2)，共计 18 个，占当年采样品种(系)总数(86 个)的 20.9%。

2010 年田间小麦面团稳定时间≥7.0min 的小麦品种(系)有‘西农 979’(13/23)、‘郑麦 9023’(1/7)、‘山农 12’(1/1)、‘郑麦 366’(1/4)、‘师滦 02-1’(4/4)、‘新麦 18’(1/2)、‘石优 17’(4/5)、‘泰麦 1 号’(3/3)、‘新麦 19’(1/1)、‘丰舞 981’(2/

3)，共计 10 个，占当年采样品种(系)总数(73 个)的 13.7%。

以小麦品种(系)平均质量性状为统计数据，3 年面团稳定时间均(≥7.0min)的小麦品种(系)有‘西农 979’(44/74)、‘郑麦 9023’(7/19)、‘郑麦 366’(8/16)、‘师滦 02-1’(13/13)、‘新麦 18’(8/13)、‘石优 17’(10/11)、‘泰麦 1 号’(8/9)、‘新麦 19’(7/9)、‘丰舞 981’(4/8)，共计 9 个，仅占 3 年品种(系)总数(153 个)的 5.9%。

同时满足容重(≥770g/L)、蛋白质含量(≥14.0%)、湿面筋含量(≥32.0%)和稳定时间(≥7.0min)的品种：2008 年有‘藁优 8901’、‘藁优 9415’、‘济麦 20’、‘济南 17’、‘山农 12 号’、‘师滦 02-1’、‘西农 88’、‘新麦 18’、‘新麦 19’、‘郑麦 366’；2009 年有‘藁优 9415’、‘济南 17’、‘师滦 02-1’、‘烟农 19’；2010 年有‘师滦 02-1’。3 年均达到要求的品种为‘师滦 02-1’。

7) 新乡、鹤壁地区优质强筋小麦生产优势明显

以整个地区小麦平均质量性状为统计数据，2008 年田间小麦稳定时间≥7.0min 的地区为新乡、青岛、临沂、潍坊、济宁、衡水；2009 年田间小麦稳定时间≥7.0min 的地区为商丘、新乡、鹤壁、石家庄；2010 年田间小麦稳定时间≥7.0min 的地区为新乡、鹤壁；3 年均符合要求的为新乡。同时以容重(≥770g/L)、蛋白质含量(≥14.0%)、湿面筋含量(≥32.0%)和稳定时间(≥7.0min)为标准，2008、2009 和 2010 年均无达到标准要求的地区。

以整个地区小麦平均质量性状为统计数据，2008 年仓储小麦稳定时间≥7.0min 的地区为临沂，2009 年田间小麦稳定时间≥7.0min 的地区为新乡、鹤壁，2010 年田间小麦稳定时间≥7.0min 的地区为新乡、驻马店、鹤壁；同时以容重(≥770g/L)、蛋白质含量(≥14.0%)、湿面筋含量(≥32.0%)和稳定时间(≥7.0min)为标准，2008、2009 和 2010 年均无达到标准要求的地区。

新乡、鹤壁地区优质强筋小麦生产优势明显，可视为优质强筋小麦生产基地。

8) 建设了《小麦质量数据库》及网上查询平台

可供用户网上或光盘查询。

7.3　展望与建议

根据 2008 年、2009 年和 2010 年《黄淮冬麦区小麦质量调查研究报告》提供的结果和信息，结合黄淮冬麦区的小麦育种、生产、收储和食品加工与利用考察，以及基层农业主管部门的意见，提出以下建议，仅供参考。

① 小麦育种工作者在选育高产品种的同时，还应兼顾优质特性的选育和优质水平的提升，特别要注意优质小麦品种品质性状的协调性，如蛋白质含量、湿面筋含量和稳定时间的协调性；关注小麦品种的食品加工特性和适用性，特别应重视小

麦品种加工中国式面条、饺子等传统食品的适用性，以及消费者对面粉及面粉制品白度的特殊偏好。

② 高产优质小麦育种的品种资源短缺，育种材料来源领域狭窄，材料创新显得十分薄弱。在小麦育种优势较强的地方科研院所，该问题显得十分突出。

③ 优质小麦的生产应首先选择具有优质小麦生产能力或潜力的区域。小麦的田间管理措施在保证高产的前提下，注意提升蛋白质含量和湿面筋含量措施的推广。因为蛋白质含量和湿面筋含量与生产环境和栽培措施关系密切。

④ 优质小麦品种评价的基本原理是其制作食品特性的适用性，一批适合制作某一种食品的小麦品种的品质性状及水平是制定和评估标准的理论依据，标准水平的取值范围既要尊重现实水平范围，又要考虑食品工业的需求。从本实验的多个研究结果可以看出，我国现行的《优质小麦-强筋小麦》(GB/T 17892—1999)标准中的稳定时间、湿面筋含量和蛋白质含量取值水平是否合理，还值得磋商。

⑤ 现有的粮食收储模式和定级标准，导致了粮库小麦样品的质量低于田间小麦样品的质量；现有的混收混储模式也导致了食品生产上无优质小麦可用的现状。目前的小麦收储体系已不能适应面粉和食品加工业发展的需求。

⑥ 高产优质小麦品种的选育与推广，符合现代食品工业发展需求的小麦收储模式的建设，优质优价政策及措施的落实，都将会对中国的小麦生产、粮食安全，以及民族或传统食品工业的可持续发展产生深远的影响。

附　表

附表 1　2008 年农户田间样品的品种构成及优质强筋小麦品种的比例

区域	地区	样本数	品种数	优质强筋样品的比例	小麦品种(抽样频数)
陕西关中	渭南	30	9	8/30	小偃 22(10)、西农 88(7)、晋麦 47(4)、西农 889(4)、长旱 78(1)、西农 979(1)、郑麦 004(1)、晋麦 54(1)、周麦 18(1)
	咸阳	31	12	4/31	小偃 22(16)、西农 979(3)、绵阳 26(2)、绵阳 31(2)、秦农 412(1)、偃展 4110(1)、西农 2611(1)、西农 88(1)、绵阳 29(1)、武农 148(1)、西农 889(1)、绵阳 22(1)
	宝鸡	31	4	2/31	小偃(22)、西农 979(6)、武农 148(2)、西农 889(1)
	小计	92	17	14/92 (15.2%)	共计小麦品种 17 个，其中‘小偃 22’占样品总数的 52.17%，‘西农 979’占样品总数的 9.78%，‘西农 88’占样品总数的 8.70%，‘西农 889’占样品总数的 6.52%，‘晋麦 47’占样品总数的 4.35%，‘武农 148’占样品总数的 3.26%，前 6 个小麦品种累计占样品总数的 84.78%；其余如‘晋麦 54’、‘长旱 58’、‘郑麦 004’、‘周麦 18’、‘绵阳 26’、‘绵阳 31’、‘绵阳 22’、‘绵阳 29’、‘偃展 4100’、‘西农 2611’、‘秦农 412’等小麦品种累计占样品总数的 15.22%
河南豫中	驻马店	27	13	10/27	西农 979(7)、矮抗 58(5)、郑麦 9023(5)、濮麦 9 号(2)、百农 58(2)、安麦 8 号(1)、恒关 35(1)、郑单(1)、郑麦 366(1)、矮抗王(1)、平安 6 号(1)
	商丘	27	9	9/27	周麦 18(7)、西农 979(5)、新麦 18(3)、矮抗 58(3)、强筋 18(2)、百农(2)、国审豫农 949(1)、周麦 16(3)、北抗 958(1)
	新乡	27	13	9/27	周麦 18(4)、周麦 16(4)、矮抗 58(3)、西农 979(3)、周麦 19(2)、新麦 18(2)、矮早(2)、郑麦 366(2)、温麦 18(1)、矮早王(1)、矮抗 18(1)、高优 503(1)、9415(1)

续表

区域	地区	样本数	品种数	优质强筋样品的比例	小麦品种(抽样频数)
河南豫中	小计	81	25	28/81 (34.6%)	共计小麦品种 25 个,其中'西农 979'占样品总数的 18.5%,'矮抗 58'占样品总数的 13.6%,'周麦 18'占样品总数的 13.6%,'周麦 16'样品总数的 8.6%,'新麦 18'占样品总数的 6.2%,'郑麦 9023'占样品总数的 6.2%,'郑麦 366'占样品总数的 3.7%,这 7 个小麦品种累计占样品总数的 70.4%;其余如'矮早'、'百农 58'、'濮麦 9 号'、'强筋 18'、'周麦 19'、'温麦 18'、'平安 6 号'、'9415'、'矮杆王'、'安麦 8 号'等小麦品种累计占样品总数的 29.6%
河南豫北	新乡	27	15	15/27	矮抗 58(4)、新麦 19(4)、西农 979(4)、新麦 18(3)、济麦 20(2)、周麦 16(1)、郑麦 366(1)、藁优 9415(1)、新麦 9817(1)、偃展 4110(1)、衡观 35(1)、平安 1 号(1)、中育 9 号(1)、温麦 49-198(1)、3039(1)
	鹤壁	27	11	6/27	周麦 16(7)、矮抗 58(6)、周麦 18(3)、偃展 4110(2)、开麦 18(2)、郑麦 9023(2)、周麦 20(1)、郑麦 98165(1)、超大穗 926(1)、兰考 18(1)、豫农 015(1)
	安阳	27	12	4/27	矮抗 58(7)、周麦 16(4)、豫麦 44(3)、豫麦 18(3)、温麦 6 号(2)、周麦 18(2)、赵科 88(1)、代号 702(1)、丰舞 981981(1)、邯 3475(1)、邯 4589(1)、宝丰 7228(1)
	小计	81	32	25/81 (30.9%)	共计小麦品种数为 32 个,其中'矮抗 58'占样品总数的 20.99%,'周麦 16'占样品总数的 14.81%,'周麦 18'占样品总数的 6.17%,'西农 979'、'新麦 19'各占样品总数的 4.94%,居前 5 位的小麦品种累计占样品总数的 51.85%;其余品种如'豫麦 18'、'豫麦 55'、'新麦 18'、'偃展 4110'、'济麦 20'、'郑麦 0023'、'开麦 18'等品种累计占样品总数的 48.15%
山东鲁东	临沂	27	10	8/27	烟农 19(7)、临麦 2 号(6)、良星 99(4)、潍麦 8 号(3)、烟农 21(2)、烟农 21(1)、济麦 21(1)、淄麦 12(1)、济麦 19(1)、济麦 22(1)
	潍坊	25	9	10/25	济南 17(5)、烟农 19(4)、烟农 24(4)、鲁麦 21(3)、临麦 2 号(3)、烟农 15(2)、济麦 21(2)、济麦 22(1)、烟农 23(1)
	青岛	27	10	17/27	烟农 23(5)、鲁麦 21(5)、济麦 20(3)、青丰 1 号(3)、烟农 24(3)、烟农 21(3)、济麦 20(2)、济麦 22(1)、烟农 19(1)、济南 17(1)

续表

区域	地区	样本数	品种数	优质强筋样品的比例	小麦品种(抽样频数)
山东鲁东	小计	79	16	35/79 (44.3%)	共计小麦品种为16个,其中'烟农19'占样品总数的15.2%,'烟农24'占样品总数的11.4%,'临麦2号'占样品总数的11.4%,'鲁麦21'占样品总数的11.4%,'烟农23'占样品总数的7.6%,'济南17'占样品总数的7.6%,'济麦20'占样品总数的6.3%,这7个小麦品种累计占样品总数的70.9%;其余如'济麦19'、'济麦21'、'济麦22'、'良星99'、'青丰1号'、'潍麦8号'、'烟农15'、'因农21'、'淄麦12'等小麦品种累计占样品总数的29.1%
山东鲁西	济宁	27	9	15/27	济宁16号(6)、泰山9818(4)、潍麦8号(4)、济麦20(3)、山农12号(3)、汶农6号(2)、淄麦12号(2)、济麦17(2)、济麦22号(1)
	泰安	27	9	6/27	泰山9818(5)、良星99(5)、济麦22(4)、潍麦8号(3)、淄麦12(3)、汶农6号(3)、泰麦1号(2)、山农12号(1)、泰麦1号(1)
	聊城	27	7	8/27	山农12号(10)、济麦22号(6)、潍麦8号(5)、淄麦12(2)、济麦21(2)、济麦20(1)、济麦17(1)
	小计	81	12	29/81 (35.8%)	共计小麦品种数为12个,其中'山农12号'占样品总数的17.3%,'潍麦8号'占样品总数的14.8%,'泰山9818号'占样品总数12.3%,'济麦22号'占样品总数的12.3%,'淄麦12号'占样品总数的8.6%,'济宁16号'占样品总数的7.4%,'汶农6号'占样品总数的6.2%,这7个品种累计占78.9%;'良星99号'占样品总数的6.2%;'济麦20号'占样品总数的4.9%;'济南17号'占样品总数的3.7%;'泰麦1号'占样品总数的3.7%;'济麦21号'占样品总数的2.5%
河北冀中	衡水	27	18	9/27	良星99(4)、冀师02-1(3)、藁9415(2)、石新828(2)、邯7086(2)、观35(2)、邯麦9号(1)、78-1(1)、抗韦8号(1)、济麦22(1)、石麦10(1)、藁8901(1)、石家庄8号(1)、科农199(1)、衡5229(1)、冀韦703(1)、石麦15(1)、石麦14(1)
	沧州	27	13	8/27	石麦14(6)、石麦15(3)、冀师02-1(2)、观35(2)、良星99(2)、藁9415(2)、邯7086(2)、科农199(2)、藁8901(2)、乐639(1)、石新828(1)、石家庄8号(1)、石新733(1)

续表

区域	地区	样本数	品种数	优质强筋样品的比例	小麦品种(抽样频数)
河北冀中	石家庄	27	14	8/27	石新 828(5)、石新 733(3)、石优 17(3)、石麦 14(2)、藁 9415(2)、石麦 15(2)、石麦 12(2)、邯 7086(2)、石 4185(1)、冀师 02-1(1)、衡 5229(1)、科农 199(1)、良星 99(1)、藁 8901(1)
	小计	81	23	25/81 (30.9%)	共计小麦品种数为 23 个,其中'石麦 14'占样品总数的 11.11%,'石新 828'占样品总数的 9.88%,'良星 99'占样品总数的 8.64%,'藁 9415'、'邯 7086'、'冀师 02-1'、'石麦 15'各占样品总数的 7.41%,这 7 个品种累计占 59.27%;'藁 8901'、'观 35'、'科农 199'、'石新 733'各占样品总数的 4.94%;'石优 17'占样品总数的 3.70%;'石家庄 8 号'、'衡 5229'、'石麦 12'各占样品总数的 2.47%;'邯麦 9 号'、'78-1'、'抗丰 8 号'、'济麦 22'、'石麦 10'、'冀丰 703'、'乐 639'、'石 4185'共占样品总数的 9.87%
黄淮冬麦区		495		156/495 (31.5%)	

注：优质强筋样品是指满足面团稳定时间≥7min 的样品

附表 2　2008 年农户田间样品的品质性状

区域	地区	籽粒性状							粉质参数					拉伸参数			
		千粒重/g	容重/(g/L)	籽粒硬度/%	降落数值/s	蛋白质含量（干基）/%	湿面筋含量/%	沉淀值/ml	吸水率/%	形成时间/min	稳定时间/min	弱化度/BU	粉质质量指数/mm	拉伸长度/mm	拉伸阻力/BU	最大拉伸阻力/BU	拉伸面积/cm²
陕西关中	渭南	38.0	779.3	59.1	416.4	14.1	35.7	34.2	62.3	3.8	6.0	85.8	52.9	186.1	267.2	396.2	94.8
	咸阳	41.9	774.9	60.1	349.8	14.3	34.0	29.1	62.6	3.6	4.4	109.8	48.6	157.7	365.4	478.8	91.5
	宝鸡	41.3	771.3	58.4	395.5	15.0	34.7	29.8	64.6	3.4	3.1	141.9	44.1	174.5	159.2	249.3	60.0
	平均	40.4	775.2	59.2	387.2	14.5	34.8	31.0	63.2	3.6	4.5	112.5	48.5	172.8	263.9	374.8	82.1
河南豫中	新乡	43.8	792.8	62.7	359.3	14.0	29.8	51.9	58.5	4.8	9.1	73.1	123.2	158.0	245.4	341.9	73.7
	驻马店	43.3	789.6	67.1	337.9	14.1	29.1	51.0	61.7	3.7	6.1	87.1	84.7	160.7	231.0	317.6	71.1
	商丘	44.1	786.4	60.9	361.3	14.5	31.2	53.0	59.0	4.3	6.4	75.2	79.6	154.8	232.9	305.1	74.4
	平均	43.7	789.6	63.6	352.8	14.2	30.0	52.0	59.7	4.3	7.2	78.5	95.8	157.8	236.4	321.5	73.1
河南豫北	新乡	44.7	811.6	56.6	421.7	14.0	30.2	28.0	57.3	4.2	14.3	55.1	59.8	159.7	355.9	515.9	94.6
	鹤壁	42.9	810.9	59.3	445.9	14.1	31.3	24.9	58.3	3.7	4.5	69.0	54.0	156.9	259.4	322.6	71.3
	安阳	43.9	802.3	52.9	411.2	14.1	31.7	22.3	57.9	3.1	3.7	83.7	50.9	151.1	258.1	310.0	63.3
	平均	43.8	808.3	56.3	426.3	14.1	31.1	25.1	57.8	3.7	7.5	69.3	54.9	155.9	291.1	382.8	76.4
山东鲁东	青岛	38.7	791.0	55.0	333.0	13.4	28.9	38.1	—	6.7	11.6	—	121.0	156.0	323.0	442.0	93.0
	潍坊	39.9	788.0	57.0	325.0	13.4	30.1	33.8	—	3.0	8.4	—	75.0	150.0	345.0	448.0	90.0
	临沂	41.5	788.0	59.0	329.0	13.5	29.6	31.2	—	3.5	8.1	—	119.0	146.0	368.0	469.0	93.0
	平均	40.0	789.0	57.0	329.0	13.4	29.5	34.4	—	4.4	9.4	—	105.0	150.7	345.3	453.0	92.0

续表

区域	地区	籽粒性状							粉质参数					拉伸参数			
		千粒重/g	容重/(g/L)	籽粒硬度/%	降落数值/s	蛋白质含量(干基)/%	湿面筋含量/%	沉淀值/ml	吸水率/%	形成时间/min	稳定时间/min	弱化度/BU	粉质质量指数/mm	拉伸长度/mm	拉伸阻力/BU	最大拉伸阻力/BU	拉伸面积/cm²
山东鲁西	济宁	44.4	796.3	65.1	358.3	14.0	34.5	35.6	59.7	5.0	8.1	57.6	97.0	165.9	323.5	498.0	107.6
	泰安	43.5	799.9	65.2	350.3	13.3	34.1	32.0	60.6	3.5	3.2	97.6	53.4	163.4	243.3	358.8	81.4
	聊城	40.7	792.7	64.1	381.5	13.9	35.7	36.2	61.1	4.4	5.9	73.0	78.8	189.6	248.1	404.8	102.9
	平均	42.9	796.3	64.8	363.4	13.7	34.8	34.6	60.5	4.3	5.7	76.1	76.4	173.0	271.6	420.5	97.3
河北冀中	衡水	39.9	791.0	49.4	382.8	14.5	31.6	20.5	61.1	4.5	7.1	87.1	89.2	172.5	209.7	306.7	75.2
	沧州	39.7	781.7	47.9	337.2	14.4	30.5	23.7	61.3	4.0	5.6	102.1	75.8	180.8	203.9	313.1	78.1
	石家庄	41.3	780.5	49.4	322.6	14.4	29.5	20.8	62.3	3.9	6.5	95.8	82.4	186.0	194.4	294.0	75.9
	平均	40.3	784.4	48.9	347.5	14.4	30.5	21.7	61.6	4.1	6.4	95.0	82.5	179.8	202.7	304.6	76.4
平均值		41.9	790.5	58.3	367.7	14.1	31.8	33.1	60.6	4.1	6.8	86.3	77.2	165.0	268.5	376.2	82.9
极差		6.7	40.3	19.2	123.3	1.7	6.8	32.5	7.3	3.7	11.2	86.8	79.1	43.6	208.8	266.6	47.6
标准差		2.1	11.1	5.7	37.3	0.4	2.3	10.2	2.1	0.9	2.9	21.9	25.5	13.4	63.4	81.6	13.5
变异系数/%		4.9	1.4	9.7	10.2	3.2	7.4	30.7	3.4	21.1	42.5	25.3	33.0	8.1	23.6	21.7	16.3

附表 3　2008 年粮库仓储样品的品质性状

区域	地区	籽粒性状							粉质参数					拉伸参数			
		千粒重/g	籽粒硬度/%	容重/(g/L)	降落数值/s	蛋白质含量（干基）/%	湿面筋含量/%	沉淀值/ml	吸水率/%	形成时间/min	稳定时间/min	弱化度/BU	粉质质量指数/mm	拉伸长度/mm	拉伸阻力/BU	最大拉伸阻力/BU	拉伸面积/cm^2
陕西关中	渭南	41.2	753.4	49.4	364.3	14.3	36.2	32.0	60.6	3.1	2.2	128.9	43.9	199.0	168.4	221.9	57.3
	咸阳	41.7	764.1	51.9	357.9	14.6	35.3	33.1	60.3	3.7	3.3	101.2	48.8	195.0	214.9	302.6	79.8
	宝鸡	41.6	768.2	53.2	358.9	15.0	35.3	30.0	61.4	2.9	1.9	142.0	43.5	196.0	140.7	183.2	47.8
	平均	41.5	761.9	51.5	360.4	14.6	35.6	31.7	60.8	3.2	2.5	124.0	45.4	196.7	174.7	235.9	61.6
河南豫中	新乡	42.2	794.1	65.9	387.1	13.5	27.5	48.6	56.4	4.6	6.1	53.2	95.3	141.0	259.8	328.1	63.3
	驻马店	45.5	773.5	63.6	290.7	13.5	27.3	47.3	60.1	3.1	4.2	61.8	61.8	158.3	215.8	276.0	59.0
	商丘	43.4	792.2	63.2	345.7	14.0	30.0	48.2	59.0	4.1	5.6	73.6	73.4	150.6	213.1	270.1	55.9
	平均	43.7	786.6	64.2	341.2	13.7	28.3	48.0	58.5	3.9	5.3	62.9	76.8	150.0	229.6	291.4	59.4
河南豫北	新乡	42.6	805.3	52.2	413.5	13.7	30.4	24.4	56.5	3.4	4.5	76.2	54.3	161.6	250.3	320.1	88.0
	鹤壁	43.8	816.7	57.9	447.1	14.2	29.4	26.7	57.5	3.9	4.8	56.9	56.1	147.1	251.7	300.6	79.3
	安阳	44.5	803.7	56.6	413.9	13.8	29.7	24.5	58.3	3.3	3.5	79.9	51.3	168.9	206.8	254.3	85.8
	平均	43.6	808.6	55.6	424.8	13.9	29.8	25.2	57.4	3.5	4.3	71.0	53.9	159.2	236.3	291.7	84.4
山东鲁东	青岛	39.6	779.0	59.0	385.0	13.6	30.6	35.7	—	3.9	6.4	—	70.0	164.0	267.0	344.0	78.0
	潍坊	38.6	786.0	54.0	329.0	13.3	29.3	27.6	—	2.7	3.2	—	44.0	147.0	239.0	272.0	56.0
	临沂	39.8	784.0	67.0	331.0	13.7	30.1	35.5	—	3.9	8.0	—	87.0	160.0	274.0	353.0	74.0
	平均	39.3	783.0	60.0	348.3	13.5	30.0	32.9	—	3.5	5.9	—	67.0	157.0	260.0	323.0	69.3

续表

区域	地区	籽粒性状							粉质参数					拉伸参数			
		千粒重/g	籽粒硬度/%	容重/(g/L)	降落数值/s	蛋白质含量（干基）/%	湿面筋含量/%	沉淀值/ml	吸水率/%	形成时间/min	稳定时间/min	弱化度/BU	粉质质量指数/mm	拉伸长度/mm	拉伸阻力/BU	最大拉伸阻力/BU	拉伸面积/cm²
山东鲁西	济宁	42.9	790.3	65.6	378.2	14.0	34.8	29.8	58.4	4.1	4.2	47.0	62.7	171.7	232.0	362.3	82.2
	泰安	42.3	772.4	62.6	369.0	13.3	35.6	28.1	62.4	4.1	3.6	75.9	59.7	166.1	224.5	313.0	69.3
	聊城	40.2	788.8	65.3	336.0	13.5	34.5	38.2	60.4	5.1	6.1	54.1	82.7	181.8	253.7	403.2	100.1
	平均	41.8	783.8	64.5	361.1	13.6	35.0	32.0	60.4	4.4	4.6	59.0	68.4	173.2	236.7	359.5	83.9
河北冀中	衡水	39.8	786.2	52.8	386.0	14.6	29.1	26.4	62.1	3.1	2.9	116.9	46.6	169.6	153.7	192.8	48.0
	沧州	39.5	770.9	56.1	352.6	14.3	30.2	24.0	61.8	3.0	2.7	130.7	43.7	178.2	163.0	225.3	56.9
	石家庄	39.4	785.6	54.9	359.4	14.5	28.5	21.6	62.0	2.8	2.8	122.2	43.7	181.1	141.8	183.9	49.4
	平均	39.6	780.9	54.6	366.0	14.5	29.3	24.0	62.0	3.0	2.8	123.3	44.7	176.3	152.8	200.7	51.4
平均值		41.6	784.1	58.4	367.0	14.0	31.3	32.3	59.8	3.6	4.2	88.0	59.4	168.7	215.0	283.7	68.3
极差		6.9	63.3	17.6	156.4	1.7	8.9	27.0	6.0	2.4	6.1	95.0	51.8	58.0	133.3	220.0	52.3
标准差		2.0	15.7	5.7	36.3	0.5	3.0	8.5	2.0	0.7	1.7	32.6	16.3	17.3	43.9	64.4	15.6
变异系数/%		4.7	2.0	9.8	9.9	3.6	9.7	26.3	3.4	18.4	39.4	37.0	27.5	10.2	20.4	22.7	22.8

附表 4　2008 年农户田间样品和粮库仓储样品的品质性状比较

项目		籽粒性状							粉质参数					拉伸参数			
		千粒重/g	籽粒硬度/%	容重/(g/L)	降落数值/s	蛋白质含量(干基)/%	湿面筋含量/%	沉淀值/ml	吸水率/%	形成时间/min	稳定时间/min	弱化度/BU	粉质质量指数/mm	拉伸长度/mm	拉伸阻力/BU	最大拉伸阻力/BU	拉伸面积/cm^2
平均值	农户	41.9	790.5	58.3	367.7	14.1	31.8	33.1	60.6	4.1	6.8	86.3	77.2	165.0	268.5	376.2	82.9
	粮库	41.6	784.1	58.4	367.0	14.0	31.3	32.3	59.8	3.6	4.2	88.0	59.4	168.7	215.0	283.7	68.3
	差值	0.3	6.4	−0.1	0.7	0.1	0.5	0.8	0.8	0.5	2.6	−1.7	17.8	−3.7	53.5	92.5	14.6
极差	农户	6.7	40.3	19.2	123.3	1.7	6.8	32.5	7.3	3.7	11.2	86.8	79.1	43.6	208.8	266.6	47.6
	粮库	6.9	63.3	17.6	156.4	1.7	8.9	27.0	6.0	2.4	6.1	95.0	51.8	58.0	133.3	220.0	52.3
标准差	农户	2.1	11.1	5.7	37.3	0.4	2.3	10.2	2.1	0.9	2.9	21.9	25.5	13.4	63.4	81.6	13.5
	粮库	2.0	15.7	5.7	36.3	0.5	3.0	8.5	2.0	0.7	1.7	32.6	16.3	17.3	43.9	64.4	15.6
变异系数/%	农户	4.9	1.4	9.7	10.2	3.2	7.4	30.7	3.4	21.1	42.5	25.3	33.0	8.1	23.6	21.7	16.3
	粮库	4.7	2.0	9.8	9.9	3.6	9.7	26.3	3.4	18.4	39.4	37.0	27.5	10.2	20.4	22.7	22.8

附表 5　2009 年农户田间样品的品种构成及优质强筋小麦品种的比例

区域	地区	样本数	品种数	优质强筋样品的比例	小麦品种(抽样频数)
陕西关中	渭南	27	5	8/27	小偃 22(16)、中西农 889(4)、西农 979(3)、周麦 18(2)、晋麦 47(1)、西农 88(1)
	咸阳	26	3	3/26	小偃 22(23)、757(2)、西农 979(1)
	宝鸡	27	4	3/27	小偃 22(21)、西农 979(4)、郑麦 9023(1)、757(1)
	小计	80	8	14/80 (17.5%)	共计小麦品种 8 个,其中‘小偃 22’占样品总数的 75%,‘西农 979’占样品总数的 10%,‘西农 889’占样品总数的 5%,这 3 个小麦品种累计占样品总数的 90%,其余如‘757’、‘周麦 18’、‘晋麦 47’、‘西农 88’、‘郑麦 9023’等小麦品种累计占样品总数的 10%
河南豫中	新乡	27	12	4/27	矮抗 58(8)、郑麦 366(3)、周麦 18(2)、周麦 19(2)、矮早(2)、百农 58(2)、开麦 18(2)、西农 979(2)、新麦 19(1)、豫麦 18(1)、百农(1)、百农-160(1)
	驻马店	27	9	1/27	矮抗 58(12)、西农 979(5)、郑麦 9023(3)、平安 6 号(2)、丰抗 38(1)、麦农 366(1)、郑麦 366(1)、众麦 1 号(1)、周麦 18(1)
	商丘	27	12	14/27	矮抗 58(7)、周麦 18(6)、温 18(3)、矮丰 68(2)、正农 17(2)、949(1)、9877(1)、平安 3 号(1)、睢科 21(1)、豫麦 34(1)、郑麦 9023(1)、周麦 16(1)
	小计	81	26	19/81 (23.5%)	共计小麦品种 26 个,其中‘矮抗 58’占样品总数的 33.33%,‘周麦 18’占样品总数的 11.11%,‘西农 979’占样品总数的 8.64%,‘郑麦 9023’、‘郑麦 366’分别占样品总数的 4.94%,这 5 个小麦品种累计占样品总数的 62.96%,其余如‘温麦 18’、‘949’、‘9877’、‘百农’、‘百农-160’、‘丰抗 38’、‘矮丰 68’、‘开麦 18’、‘平安 3 号’、‘平安 6 号’、‘睢科 21’、‘新麦 19’、‘豫麦 18’、‘豫麦 34’、‘正农 17’、‘麦农 366’、‘众麦 1 号’、‘周麦 16’、‘周麦 19’、‘郑麦 9023’、‘矮早’、‘百农 58’等小麦品种累计占样品总数的 37.03%
河南豫北	新乡	27	13	15/27	矮抗 58(6)、西农 979(5)、新麦 19(3)、新麦 18(3)、郑麦 366(2)、周麦 16(1)、周麦 22(1)、驻麦 4 号(1)、藁优 9415(1)、济麦 4 号(1)、衡观 35(1)、平安 6 号(1)、温麦 19(1)
	鹤壁	27	7	8/27	矮抗 58(9)、周麦 16(5)、衡观 35(4)、西农 979(3)、兰考矮早 8(3)、周麦 18(2)、开麦 18(1)

续表

区域	地区	样本数	品种数	优质强筋样品的比例	小麦品种(抽样频数)
河南豫北	安阳	27	12	5/27	周麦 16(8)、矮抗 58(6)、丰舞 981(4)、豫麦 44(1)、温麦 6 号(1)、洛旱 6 号(1)、邯 3475(1)、邯 4589(1)、郑麦 366(1)、周麦 11(1)、郑麦 8998(1)、矮杆王(1)
	小计	81	23	28/81 (34.6%)	共计小麦品种数为 23 个,其中'矮抗 58'占样品总数的 25.93%,'周麦 16'占样品总数的 17.28%,'西农 979'占样品总数的 9.88%,'衡观 35'占样品总数的 6.17%,'丰舞 981'占样品总数的 4.94%,居前 5 位的小麦品种累计占样品总数的 64.20%,其余品种如'新麦 18'、'新麦 19'、'周麦 18'、'郑麦 366'、'兰考矮早 8'等品种累计占样品总数的 35.80%
山东鲁东	临沂	27	9	3/27	济麦 22(10)、良星 99(5)、烟农 19(4)、临麦 2 号(2)、临麦 4 号(2)、济麦 19(1)、济麦 21(1)、烟农 21(1)、烟农 24(1)
	潍坊	27	11	8/27	烟农 24(5)、济南 17(5)、良星 99(4)、济麦 22(3)、鲁麦 21(2)、潍麦 8 号(2)、烟农 19(2)、济麦 20(1)、临麦 2 号(1)、烟农 15(1)、烟农 23(1)
	青岛	27	10	9/27	鲁麦 21(6)、烟农 24(5)、烟农 21(4)、青丰 1 号(3)、烟农 19(2)、济麦 20(2)、济麦 22(2)、济南 17(1)、山农 14(1)、烟农 23(1)
	小计	81	17	20/81 (24.7%)	总品种数为 17 个;其中'济麦 22'占样品总数的 18.52%,'烟农 24'占样品总数的 13.58%,'良星 99'占样品总数的 11.11%,'烟农 19'占样品总数的 9.88%,'鲁麦 21'占样品总数的 9.88%,'济南 17'占样品总数的 7.41%,这 6 个小麦品种累计占样品总数的 70.38%;其余如'济麦 20'、'济麦 19'、'济麦 21'、'临麦 2 号'、'临麦 4 号'、'青丰 1 号'、'山农 14'、'潍麦 8 号'、'烟农 15'、'烟农 21'、'烟农 23'等小麦品种累计占样品总数的 32.9%
山东鲁西	济宁	27	7	6/27	济麦 22 号(8)、济宁 16 号(6)、良星 99 号(3)、泰山 23 号(3)、泰山 9818(3)、济麦 20 号(2)、济麦 17 号(2)
	泰安	27	6	2/27	良星 99(8)、泰山 9818(6)、临麦 4 号(5)、济麦 22 号(4)、泰麦 1 号(3)、汶农 6 号(1)
	聊城	27	4	0/27	济麦 22 号(22)、山农 12 号(3)、泰农 18 号(2)

续表

区域	地区	样本数	品种数	优质强筋样品的比例	小麦品种(抽样频数)
山东鲁西	小计	81	12	8/81 (9.9%)	总品种数为12个,其中'济麦22号'占样品总数的41.9%,'良星99'占样品总数的13.6%,'泰山9818'占样品总数11.1%,'济宁16号'占样品总数的7.4%,'临麦4号'占样品总数的6.2%,居前5位的小麦品种累计占样品总数的80.2%,'泰山23号'、'泰麦1号'、'山农12号'、'济麦20号'、'济南17号'、'泰农18'、'汶农6号'等小麦品种累计占样品总数的19.8%
河北冀中	衡水	27	14	2/27	衡观35(6)、良星99(4)、邯7086(3)、衡5229(2)、石新828(2)、石家庄8号(2)、邯6172(1)、济麦22(1)、科农199(1)、石麦14(1)、石麦15(1)、石麦8(1)、石新733(1)、石优17(1)
	沧州	27	11	0/27	石麦14(6)、石麦15(5)、衡观35(4)、济麦20(3)、邯7086(2)、石家庄8号(2)、邯5316(1)、冀麦32号(1)、乐639(1)、良星99(1)、石新618(1)
	石家庄	27	14	11/27	石新828(4)、邯7086(4)、师滦02-1(3)、良星66(2)、良星99(2)、石麦12(2)、石新733(2)、石优17(2)、藁2018(1)、藁优9415(1)、衡观35(1)、邯6172(1)、金麦54(1)、石麦15(1)
	小计	81	25	13/81 (16.0%)	总品种数为25个,其中'观35'占样品总数的13.58%,'邯7086'占样品总数的11.11%,'良星99'、'石麦14'、'石麦15'各占样品总数的8.64%,居前5位的小麦品种累计占样品总数的50.61%,其余品种如'石新828'、'石家庄8号'、'济麦20'、'师滦02-1'、'石新733'、'石优17'、'邯6172'、'衡5229'、'良星66'、'石麦12'、'藁2018'、'藁优9415'、'邯5316'、'邯麦93'、'济麦22'、'冀麦32号'、'金麦54'、'科农199'、'乐639'、'石新618'等小麦品种累计占样品总数的49.39%
黄淮冬麦区		485		102/485 (21.0%)	

注：优质强筋样品是指满足面团稳定时间≥7min的样品

附表 6　2009 年农户田间样品的质量性状

地区		籽粒品质性状							粉质参数					拉伸参数			
		千粒重/g	容重/(g/L)	籽粒硬度/%	降落数值/s	蛋白质含量(干基)/%	沉淀值/ml	湿面筋含量/%	吸水率/%	形成时间/min	稳定时间/min	弱化度/BU	粉质质量指数/mm	拉伸长度/mm	拉伸阻力/BU	最大拉伸阻力/BU	拉伸面积/cm²
陕西关中	渭南	35.1	749.0	50.5	403.3	14.3	32.2	33.7	61.4	3.8	5.3	113.9	48.0	215.6	243.0	368.1	105.9
	咸阳	34.0	727.2	52.6	389.3	14.7	30.8	34.9	62.6	3.8	3.5	131.2	47.1	225.0	197.3	290.3	91.0
	宝鸡	36.2	760.3	51.6	491.3	13.8	27.6	31.8	63.2	3.4	3.9	117.3	47.0	195.6	179.2	240.1	64.8
	平均	35.1	745.5	51.6	428.0	14.3	30.2	33.5	62.4	3.7	4.2	120.8	47.4	212.1	206.5	299.5	87.2
河南豫中	新乡	43.5	787.4	63.5	356.0	13.4	47.9	27.8	59.9	3.9	5.0	52.0	71.4	146.5	228.3	290.4	59.7
	驻马店	46.7	779.7	65.0	186.0	13.8	50.0	13.8	60.8	2.9	3.6	94.2	47.8	160.7	239.9	330.1	71.1
	商丘	41.0	773.4	58.6	344.6	14.1	53.8	30.1	58.1	4.1	7.6	39.7	95.1	151.9	252.6	329.2	68.8
	平均	43.7	780.2	62.4	295.5	13.8	50.6	23.9	59.6	3.6	5.4	62.0	71.4	153.0	240.3	316.6	66.5
河南豫北	新乡	39.1	796.0	54.9	484.7	13.9	30.7	29.3	58.2	6.8	13.5	43.5	140.3	155.4	220.9	335.1	73.8
	鹤壁	41.8	807.6	64.0	465.9	12.8	23.7	27.8	59.2	5.4	8.3	66.2	102.6	149.7	159.7	193.0	41.2
	安阳	42.2	801.9	57.6	464.1	13.1	23.6	27.5	57.5	3.0	4.4	74.4	57.8	148.1	227.8	264.2	57.1
	平均	41.0	801.8	58.8	471.6	13.3	26.0	28.2	58.3	5.1	8.7	61.4	100.2	151.0	202.8	264.1	57.4
山东鲁东	临沂	—	807.7	65.1	342.3	13.2	31.7	30.7	64.3	3.1	3.3	—	—	155.8	—	327.7	70.6
	潍坊	—	802.6	60.4	363.2	14.3	35.5	33.1	62.2	3.8	5.6	—	—	152.7	—	392.3	82.2
	青岛	—	787.1	58.9	380.1	13.5	36.1	29.8	59.3	3.9	6.2	—	—	146.7	—	357.7	73.4
	平均	—	799.1	61.5	361.9	13.7	34.4	31.2	61.9	3.6	5.0	—	—	151.7	—	359.2	75.4

续表

地区		籽粒品质性状							粉质参数					拉伸参数			
		千粒重/g	容重/(g/L)	籽粒硬度/%	降落数值/s	蛋白质含量(干基)/%	沉淀值/ml	湿面筋含量/%	吸水率/%	形成时间/min	稳定时间/min	弱化度/BU	粉质质量指数/mm	拉伸长度/mm	拉伸阻力/BU	最大拉伸阻力/BU	拉伸面积/cm²
山东鲁西	济宁	44.2	811.8	66.4	406.8	12.9	35.7	33.9	66.0	3.9	4.1	79.9	64.8	165.1	250.4	373.9	81.1
	泰安	44.7	799.3	65.5	435.1	12.9	30.6	34.5	65.5	3.5	2.9	98.4	55.1	163.8	226.0	345.7	77.5
	聊城	44.4	808.3	66.2	472.3	12.7	32.1	35.7	67.6	3.3	2.8	87.8	52.0	170.8	157.3	208.8	50.3
	平均	44.4	806.5	66.0	438.1	12.8	32.8	34.7	66.4	3.6	3.3	88.7	57.3	166.6	211.2	309.5	69.6
河北冀中	衡水	40.8	809.2	63.1	415.4	13.5	25.3	29.8	63.1	3.0	3.2	110.5	56.3	144.4	100.7	115.0	24.9
	沧州	38.8	792.4	58.1	378.4	13.4	22.7	28.8	60.1	2.6	2.5	127.9	45.8	139.4	90.9	102.4	21.6
	石家庄	39.4	807.8	61.2	428.3	13.8	29.8	31.2	62.7	5.1	8.9	72.6	116.4	155.9	168.5	247.6	54.3
	平均	39.7	803.2	60.8	407.3	13.6	25.9	29.9	62.0	3.6	4.9	103.7	72.8	146.6	120.1	155.0	33.6
平均值		40.8	789.4	60.2	400.4	13.6	33.3	30.2	61.8	3.9	5.3	87.3	69.8	163.5	196.2	284.0	65.0
最大值		46.7	811.8	66.4	491.3	14.7	53.8	35.7	67.6	6.8	13.5	131.2	140.3	225	252.6	392.3	105.9
最小值		34.0	727.2	50.5	186.0	12.7	22.7	13.8	57.5	2.6	2.5	39.7	45.8	139.4	90.9	102.4	21.6
极差		12.7	84.5	15.8	305.3	2.0	31.2	21.8	10.2	4.1	11.0	91.5	94.5	85.6	161.7	289.9	84.3
标准差		3.7	23.6	5.2	71.9	0.6	9.0	4.8	2.9	1.0	2.8	29.5	29.7	24.2	52.0	85.4	21.4
变异系数/%		9.1	3.0	8.6	18.0	4.2	26.9	16.0	4.7	26.6	53.4	33.8	42.5	14.8	26.5	30.1	32.9

附表 7 2009 年粮库仓储样品的质量性状

地区		籽粒品质性状							粉质参数					拉伸参数			
		千粒重/g	容重/(g/L)	籽粒硬度/%	降落数值/s	蛋白质含量（干基）/%	沉淀值/ml	湿面筋含量/%	吸水率/%	形成时间/min	稳定时间/min	弱化度/BU	粉质质量指数/mm	拉伸长度/mm	拉伸阻力/BU	最大拉伸阻力/BU	拉伸面积/cm^2
陕西关中	渭南	35.9	726.7	52.2	372.3	14.5	32.6	33.5	63.4	3.5	3.1	128.8	45.1	210.3	175.6	231.7	68.6
	咸阳	34.7	732.8	51.9	378.3	14.2	32.1	32.7	60.7	3.4	3.3	127.2	46.1	199.3	215.9	307.3	86.9
	宝鸡	36.3	755.4	53.8	415.8	13.8	28.7	31.6	64.3	2.9	2.7	138.4	44.6	192.2	130.6	153.2	42.6
	平均	35.6	738.3	52.6	388.8	14.2	31.1	32.6	62.8	3.3	3.1	131.5	45.3	200.6	174.0	230.7	66.0
河南豫中	新乡	42.0	785.4	65.3	376.0	13.2	52.1	26.6	57.8	8.6	13.4	21.4	159.4	149.3	316.3	459.2	91.9
	驻马店	45.3	769.9	62.4	282.7	13.5	50.9	26.4	57.5	3.7	6.4	71.7	69.2	133.2	352.3	436.1	76.1
	商丘	42.0	762.4	59.7	311.1	14.1	47.9	28.1	57.3	3.0	6.9	42.0	77.1	129.7	332.1	407.7	68.4
	平均	43.1	772.6	62.5	323.3	13.6	50.3	27.0	57.5	5.1	8.9	45.0	101.9	137.4	333.6	434.3	78.8
河南豫北	新乡	38.7	793.3	51.2	464.2	13.1	23.9	27.2	56.7	3.1	4.5	60.8	56.6	147.4	180.1	211.1	45.7
	鹤壁	40.2	800.7	57.7	460.6	12.9	23.8	28.0	57.1	5.2	8.1	56.6	95.2	144.8	164.9	195.4	40.7
	安阳	41.4	806.8	52.9	506.1	12.9	22.2	27.2	57.2	2.6	3.2	77.2	45.0	151.4	138.7	164.9	36.4
	平均	40.1	800.3	53.9	477.0	13.0	23.3	27.5	57.0	3.6	5.3	64.9	65.6	147.9	161.2	190.5	40.9
山东鲁东	临沂	—	795.9	57.6	349.3	13.9	33.2	30.8	63.8	3.1	3.3	—	—	156.8	—	249.8	54.6
	潍坊	—	790.8	54.3	347.8	12.8	29.1	28.7	59.0	2.9	3.3	—	—	147.2	—	272.7	57.0
	青岛	—	794.2	62.2	345.0	12.8	34.3	28.9	62.7	3.6	4.5	—	—	143.5	—	370.6	72.6
	平均	—	793.6	58.0	347.4	13.2	32.2	29.5	61.8	3.2	3.7	—	—	149.2	—	297.7	61.4

续表

地区		籽粒品质性状							粉质参数					拉伸参数			
		千粒重/g	容重/(g/L)	籽粒硬度/%	降落数值/s	蛋白质含量(干基)/%	沉淀值/ml	湿面筋含量/%	吸水率/%	形成时间/min	稳定时间/min	弱化度/BU	粉质质量指数/mm	拉伸长度/mm	拉伸阻力/BU	最大拉伸阻力/BU	拉伸面积/cm²
山东鲁西	济宁	43.9	802.3	65.0	430.8	12.7	33.2	36.1	68.0	3.9	3.5	71.7	59.3	161.0	155.6	209.4	47.6
	泰安	43.2	790.6	63.7	416.8	12.5	29.3	36.0	66.5	3.1	2.4	100.0	47.8	167.7	102.7	121.3	30.0
	聊城	42.8	808.4	66.1	453.1	12.0	30.3	35.4	68.9	3.3	3.2	74.1	54.9	147.4	116.8	138.4	29.6
	平均	43.3	800.4	64.9	433.6	12.4	30.9	35.8	67.8	3.5	3.0	81.9	54.0	158.7	125.0	156.4	35.7
河北冀中	衡水	41.0	813.9	65.3	375.2	13.5	25.9	29.4	62.2	3.4	3.2	102.9	55.4	147.2	103.1	116.6	25.3
	沧州	40.3	806.0	62.5	337.8	13.3	22.7	28.9	61.3	2.4	2.2	129.0	42.8	135.8	82.1	89.0	18.0
	石家庄	41.1	806.0	59.9	358.0	13.6	28.7	30.4	61.4	3.5	3.5	106.9	56.7	156.9	112.4	144.3	33.1
	平均	40.8	808.6	62.6	357.0	13.5	25.8	29.6	61.7	3.1	3.0	112.9	51.6	146.6	99.2	116.6	25.5
平均值		40.6	785.6	59.1	387.8	13.3	32.3	30.3	61.4	3.6	4.5	87.2	63.7	156.7	178.6	237.7	51.4
最大值		45.3	813.9	66.1	506.1	14.5	52.1	36.1	68.9	8.6	13.4	138.4	159.4	210.3	352.3	459.2	91.9
最小值		34.7	726.7	51.2	282.7	12.0	22.2	26.4	56.7	2.4	2.2	21.4	42.8	129.7	82.1	89.0	18.0
极差		10.6	87.2	14.9	223.4	2.5	29.9	9.7	12.2	6.2	11.2	117.0	116.7	80.6	270.2	370.2	73.9
标准差		3.0	25.8	5.3	58.8	0.7	9.1	3.2	3.9	1.4	2.7	35.1	30.1	22.4	87.7	115.3	21.8
变异系数/%		7.5	3.3	8.9	15.2	4.9	28.3	10.6	6.3	38.1	61.2	40.2	47.3	14.3	49.1	48.5	42.5

附表 8 2009 年农户田间样品和粮库仓储样品的质量性状

项目		籽粒性状							粉质参数						拉伸参数			
		千粒重/g	容重/(g/L)	籽粒硬度/%	降落数值/s	蛋白质含量(干基)/%	沉淀值/ml	湿面筋含量/%	吸水率/%	形成时间/min	稳定时间/min	弱化度/BU	粉质质量指数/mm	拉伸长度/mm	拉伸阻力/BU	最大拉伸阻力/BU	拉伸面积/cm²
平均值	农户	40.8	789.4	60.2	400.4	13.6	33.3	30.2	61.8	3.9	5.3	87.3	69.8	163.5	196.2	284.0	65.0
	粮库	40.6	785.6	59.1	387.8	13.3	32.3	30.3	61.4	3.6	4.5	87.2	63.7	156.7	178.6	237.7	51.4
	差值	0.2	3.8	1.1	12.6	0.3	1.0	−0.1	0.4	0.3	0.8	0.1	6.1	6.8	17.6	46.3	13.6
极差	农户	12.7	84.5	15.8	305.3	2.0	31.2	21.8	10.2	4.1	11.0	91.5	94.5	85.6	161.7	289.9	84.3
	粮库	10.6	87.2	14.9	223.4	2.5	29.9	9.7	12.2	6.2	11.2	117.0	116.7	80.6	270.2	370.2	73.9
标准差	农户	3.7	23.6	5.2	71.9	0.6	9.0	4.8	2.9	1.0	2.8	29.5	29.7	24.2	52.0	85.4	21.4
	粮库	3.0	25.8	5.3	58.8	0.7	9.1	3.2	3.9	1.4	2.7	35.1	30.1	22.4	87.7	115.3	21.8
变异系数/%	农户	9.1	3.0	8.6	18.0	4.2	26.9	16.0	4.7	26.6	53.4	33.8	42.5	14.8	26.5	30.1	32.9
	粮库	7.5	3.3	8.9	15.2	4.9	28.3	10.6	6.3	38.1	61.2	40.2	47.3	14.3	49.1	48.5	42.5

附表 9　2010 年农户田间样品的品种构成及优质强筋小麦品种的比例

区域	地区	样本数	品种数	优质强筋样品的比例	小麦品种(抽样频数)
陕西关中	渭南	27	9	0/27	小偃 22(13)、西农 889(3)、西农 88(3)、西农 979(2)、富麦 2008(2)、周麦 18(1)、西农 3517(1)、武农 148(1)、矮抗 58(1)
	咸阳	27	6	1/27	小偃 22(12)、阿勃(1)、西农 88(1)、西农 979(1)、335(1)、西农 757(1)
	宝鸡	27	5	2/27	小偃 22(21)、西农 979(3)、武农 148(1)、8759(1)、郑麦 9023(1)
	小计	81	14	3/81 (3.7%)	共计 14 个品种(系),其中,'小偃 22'占样品总数的 69.1%,'西农 979'占样品总数的 7.4%,'西农 88'占样品总数的 4.9%,'西农 889'占样品总数的 3.7%,'武农 148'和'富麦 2008'各占样品总数的 2.5%,样品数量居前 6 位的小麦品种样品数量占样品总数的 90.1%;其余如'周麦 18'、'郑麦 9023'、'西农 3517'、'矮抗 58'、'阿勃'、'西农 757'、'335'、'8759'等 8 个小麦品种的样品数量累计占样品总数的 9.9%
河南豫中	新乡	27	13	10/27	矮抗 58(7)、周麦 18(4)、郑麦 366(3)、周麦 19(2)、西农 979(2)、周麦 22(2)、周麦 20(1)、周麦 16(1)、种麦 2 号(1)、郑麦 9023(1)、温麦 6 号(1)、金博士(1)、衡观 35(1)
	驻马店	27	7	5/27	矮抗 58(9)、西农 979(9)、郑麦 9023(4)、郑麦 366(2)、驻麦 6 号(1)、豫麦 70-36(1)、太空 6 号(1)
	商丘	27	12	2/27	矮抗 58(7)、周麦 18(6)、周麦 16(3)、众麦 1 号(3)、周麦 20(1)、郑麦 366(1)、新麦 1 号(1)、新麦 18(1)、铁杆王(1)、花杯 1 号(1)、国审 1688(1)、超麦 1 号(1)
	小计	81	23	17/81 (21.0%)	共计 23 个品种(系),其中,'矮抗 58'占样品总数的 28.4%,'西农 979'占样品总数的 13.6%,'周麦 18'占样品总数的 12.3%,'郑麦 366'占样品总数的 7.4%,'郑麦 9023'占样品总数的 6.2%,样品数量居前 5 位的小麦品种样品数量占样品总数的 67.9%;其余如'周麦 16'、'众麦 1 号'、'周麦 19'、'周麦 20'、'周麦 22'、'驻麦 6 号'、'种麦 2 号'、'豫麦 70-36'、'新麦 1 号'、'新麦 18'、'温麦 6 号'、'铁杆王'、'太空 6 号'、'金博士'、'花杯 1 号'、'衡观 35'、'国审 1688'、'超麦 1 号'等 18 个小麦品种的样品数量累计占样品总数的 32.1%

续表

区域	地区	样本数	品种数	优质强筋样品的比例	小麦品种(抽样频数)
河南豫北	新乡	27	11	13/27	矮抗 58(14)、衡观 35(3)、周麦 22(2)、西农 979(1)、济麦 22(1)、新麦 19(1)、新麦 18(1)、偃展 4110(1)、郑麦 9023(1)、众麦 2 号(1)、周麦 16(1)
	鹤壁	27	6	9/27	矮抗 58(12)、西农 979(5)、周麦 16(3)、周麦 22(3)、周麦 18(2)、温麦 4 号(2)
	安阳	27	9	6/27	矮抗 58(10)、周麦 16(7)、丰舞 981(3)、豫麦 44(2)、温麦 6 号(1)、洛旱 6 号(1)、温麦 19(1)、玉教 2 号(1)、众麦 1 号(1)
	小计	81	20	28/81 (34.6%)	共计 20 个品种(系),‘矮抗 58’占样品总数的 44.4%,‘周麦 16’占样品总数的 13.6%,‘西农 979’占样品总数的 7.4%,‘周麦 22’占样品总数的 6.2%,‘衡观 35’和‘丰舞 981’各占样品总数的 3.7%,样品数量居前 6 位的小麦品种样品数量占样品总数的 79.0%;其余如‘周麦 18’、‘豫麦 44’、‘温麦 4 号’、‘众麦 2 号’、‘众麦’、‘郑麦 9023’、‘玉教 2 号’、‘偃展 4110’、‘新麦 18’、‘新麦 19’、‘温麦 6 号’、‘温麦 19’、‘洛旱 6 号’、‘济麦 22’等 14 个小麦品种的样品数量累计占样品总数的 21.0%
山东鲁西	济宁	27	7	0/27	济麦 22 号(12)、良星 66 号(3)、泰山 23 号(3)、泰农 18 号(3)、济南 17(3)、汶农 6(2)、泰山 9818(1)
	泰安	27	9	6/27	济麦 22 号(8)、良星 99 号(7)、临麦 4 号(4)、泰麦 1 号(3)、泰山 9818(1)、汶农 6 号(1)、山农 12 号(1)、山农 0919(1)、山农 06-278 号(1)
	聊城	27	3	0/27	济麦 22(14)、泰农 18 号(11)、良星 66 号(2)
	小计	81	13	6/81 (7.4%)	共计 13 个品种(系),其中,‘济麦 22’占样品总数的 41.9%,‘泰农 18 号’占样品总数的 17.3%,‘良星 66’占样品总数的 8.6%,‘良星 99’占样品总数的 6.2%,‘临麦 4 号’占样品总数的 4.9%,样品数量居前 5 位的小麦品种样品数量占样品总数的 79.0%;其余如‘汶农 6 号’、‘泰山 23’、‘泰麦 1 号’、‘济南 17 号’、‘泰山 9818’、‘山农 12 号’、‘山农 06-278’、‘山农 0919’等 8 个小麦品种的样品数量累计占样品总数的 21.0%

续表

区域	地区	样本数	品种数	优质强筋样品的比例	小麦品种(抽样频数)
河北冀中	衡水	27	14	1/27	良星 99(6)、衡观 35(6)、石新 828(2)、济麦 22(2)、衡 4399(2)、石麦 15(1)、石麦 10 号(1)、石家庄 8 号(1)、良星 66(1)、冀师 02-1(1)、冀丰 703(1)、冀 5265(1)、济麦 21(1)、邯 7086(1)
	沧州	27	12	1/27	石麦 15(6)、石家庄 8 号(4)、衡观 35(3)、良星 99(3)、邢麦 4 号(3),石麦 14 号(2),石优 17(1)、邯 7086(1)、衡 4399(1)、济麦 22(1)、冀 5265(1)、石新 828(1)
	石家庄	27	15	6/27	石优 17(4)、石新 828(3)、科农 199(3)、冀师 02-1(2)、衡观 35(2)、邯 7086(2)、良星 99(2)、石麦 15(2)、衡 5229(1)、济麦 22(1)、良星 66(1)、师滦 02-1(1)、石麦 12(1)、石麦 14(1)、石麦 18(1)
	小计	81	22	8/81 (9.9%)	共计 22 个品种(系),其中,‘衡观 35’和‘良星 99’各占样品总数的 13.6%,‘石麦 15’占样品总数的 11.1%,‘石新 828’占样品总数的 7.4%,‘石优 17’和‘石家庄 8 号’各占样品总数的 6.2%,样品数量居前 6 位的小麦品种样品数量占样品总数的 58.0%;其余如‘邯 7086’、‘济麦 22’、‘邢麦 4 号’、‘石麦 14’、‘科农 199’、‘冀师 02-1’、‘衡 4399’、‘良星 66’、‘冀 5265’、‘衡 5229’、‘济麦 21’、‘冀丰 703’、‘师滦 02-1’、‘石麦 10 号’、‘石麦 12 号’、‘石麦 18’等 16 个小麦品种的样品数量累计占样品总数的 42.0%
黄淮冬麦区		405		62/405 (15.3%)	

注：优质强筋样品是指满足面团稳定时间≥7min 的样品

附表 10　2010 年农户田间样品的质量性状

地区		籽粒品质性状							粉质参数					拉伸参数			
		千粒重/g	容重/(g/L)	籽粒硬度/%	降落数值/s	蛋白质含量（干基）/%	沉淀值/ml	湿面筋含量/%	吸水率/%	形成时间/min	稳定时间/min	弱化度/BU	粉质质量指数/mm	拉伸长度/mm	拉伸阻力/BU	最大拉伸阻力/BU	拉伸面积/cm²
陕西关中	渭南	41.2	788.0	54.7	381.6	14.2	32.4	32.6	60.4	3.3	2.9	125.4	45.6	195.8	174.9	221.4	64.7
	咸阳	39.7	775.4	54.1	301.3	14.1	31.6	32.8	61.0	3.1	2.6	147.7	42.4	216.7	168.1	219.7	63.6
	宝鸡	40.0	782.6	55.2	300.8	14.3	29.3	32.6	61.5	3.0	2.4	141.2	41.7	204.4	183.0	254.4	71.3
	平均	40.3	782.0	54.7	327.9	14.2	31.1	32.7	61.0	3.1	2.6	138.1	43.2	205.6	175.3	231.8	66.5
河南豫中	新乡	46.0	801.4	63.4	330.9	14.7	54.1	31.6	58.9	4.4	9.5	42.5	96.2	151.2	273.0	372.8	79.3
	驻马店	47.6	777.6	65.1	128.3	15.1	57.9	30.9	61.3	3.6	5.5	69.0	66.9	173.1	219.7	350.4	81.2
	商丘	47.8	801.7	62.4	306.9	15.4	53.0	32.8	60.7	4.0	4.6	56.8	68.0	162.4	202.5	275.7	62.3
	平均	47.1	793.6	63.7	255.4	15.1	55.0	31.8	60.3	4.0	6.5	56.1	77.0	162.2	231.7	333.0	74.3
河南豫北	新乡	45.9	821.0	57.0	460.0	14.0	30.2	26.7	56.4	4.5	10.5	45.0	115.0	142.6	208.6	268.6	54.0
	鹤壁	44.9	818.0	61.0	516.0	13.9	28.0	26.1	56.4	6.4	12.0	60.0	138.0	141.7	194.8	243.6	48.7
	安阳	42.1	797.0	53.0	486.0	13.8	26.1	25.2	54.5	4.8	6.2	58.0	61.0	134.1	205.8	246.7	46.7
	平均	44.3	812.0	57.0	487.0	14.0	28.1	26.0	55.8	5.2	9.5	54.0	105.0	139.5	203.1	253.0	49.8
山东鲁西	济宁	43.4	796.3	66.3	524.1	13.6	30.5	36.2	60.2	3.6	3.9	67.8	60.1	169.7	198.4	269.3	63.4
	泰安	40.4	783.3	66.3	494.8	13.6	32.3	35.6	58.8	4.2	5.4	73.7	73.9	177.9	201.1	294.2	73.1
	聊城	41.8	806.7	67.7	529.1	12.3	29.3	33.9	63.8	3.4	3.3	73.0	52.7	161.8	202.4	258.3	55.4
	平均	41.9	800.4	66.8	516.0	13.2	30.0	35.2	60.9	3.7	4.2	71.5	62.2	169.8	200.6	273.9	64.0

续表

地区		籽粒品质性状							粉质参数					拉伸参数			
		千粒重/g	容重/(g/L)	籽粒硬度/%	降落数值/s	蛋白质含量（干基）/%	沉淀值/ml	湿面筋含量/%	吸水率/%	形成时间/min	稳定时间/min	弱化度/BU	粉质质量指数/mm	拉伸长度/mm	拉伸阻力/BU	最大拉伸阻力/BU	拉伸面积/cm²
河北冀中	衡水	43.0	800.9	60.2	419.9	13.9	24.9	30.9	61.2	2.8	3.4	103.5	52.7	164.1	107.3	139.5	33.0
	沧州	42.0	783.7	59.7	383.5	13.5	21.4	29.5	60.7	2.7	2.6	127.3	44.6	148.2	102.4	125.6	29.1
	石家庄	41.6	794.8	59.6	387.1	14.2	25.1	30.7	61.4	5.0	5.0	89.6	87.5	165.5	172.9	256.8	58.5
	平均	42.2	793.2	59.8	396.8	13.9	23.8	30.4	61.1	3.5	3.5	106.8	61.6	159.3	127.5	174.0	40.2
平均值		43.2	795.2	60.4	396.7	14.0	33.7	31.2	59.8	3.9	5.3	85.4	69.8	167.3	187.7	253.1	59.0
最小值		39.7	775.4	53.0	128.3	12.3	21.4	25.2	54.5	2.7	2.4	42.5	41.7	134.1	102.4	125.6	29.1
最大值		47.8	821.0	67.7	529.1	15.4	57.9	36.2	63.8	6.4	12.0	147.7	138.0	216.7	273.0	372.8	81.2
极差		8.1	45.6	14.7	400.8	3.1	36.5	11.0	9.3	3.7	9.6	105.2	96.3	82.6	170.6	247.2	52.1
标准差		2.7	13.7	4.8	111.3	0.7	11.5	3.2	2.4	1.0	3.0	35.1	28.4	23.7	41.7	64.3	15.1
变异系数/%		6.2	1.7	8.0	28.1	5.2	34.0	10.4	4.1	25.4	57.1	41.1	40.6	14.2	22.2	25.4	25.7

附表 11　2010 年粮库仓储样品的质量性状

地区		籽粒品质性状							粉质参数					拉伸参数			
		千粒重/g	容重/(g/L)	籽粒硬度/%	降落数值/s	蛋白质含量(干基)/%	沉淀值/ml	湿面筋含量/%	吸水率/%	形成时间/min	稳定时间/min	弱化度/BU	粉质质量指数/mm	拉伸长度/mm	拉伸阻力/BU	最大拉伸阻力/BU	拉伸面积/cm^2
河南豫中	新乡	45.0	804.6	68.2	347.2	14.6	55.1	30.6	58.1	4.9	8.0	44.4	88.7	156.2	294	420.4	89.0
	驻马店	45.9	774.6	71.3	243.3	14.4	56.2	28.8	61.4	4.6	8.4	31.3	94.9	169.4	362.3	561.8	123.1
	商丘	47.8	801.7	61.9	323.0	15.1	51.2	31.7	58.2	4.0	4.6	69.8	60.8	163.6	232.2	318.9	72.2
	平均	46.2	793.6	67.1	304.5	14.7	54.2	30.4	59.2	4.5	7.0	48.5	81.5	163.1	296.2	433.7	94.8
河南豫北	新乡	45.7	810.0	58.0	502.0	14.0	28.2	25.1	55.4	3.5	8.6	49.1	90.6	141.1	208.4	246.6	49.3
	鹤壁	45.5	811.0	62.0	482.0	13.8	27.4	24.7	55.9	5.4	8.1	53.8	96.6	144.0	200.1	244.6	50.1
	安阳	41.7	797.0	54.0	462.0	14.1	23.0	25.8	54.6	2.7	3.3	86.9	44.8	142.3	178.0	203.6	42.1
	平均	44.3	806.0	58.0	482.0	14.0	26.2	25.2	55.3	3.9	6.7	63.3	77.3	142.5	195.5	231.6	47.2
山东鲁西	济宁	38.9	794.1	63.6	525.3	12.7	30.8	34.6	62.6	3.2	2.8	75.6	48.1	167.8	212.3	293.6	70.7
	泰安	40.0	791.9	62.0	496.1	12.7	31.0	34.6	61.8	3.4	3.7	72.9	57.2	177.2	121.2	309.1	75.0
	聊城	43.1	793.1	63.8	506.0	12.5	28.3	34.0	62.7	3.1	2.6	89.1	45.8	163.8	210.0	252.2	56.6
	平均	40.7	793.0	63.1	509.1	12.6	30.0	34.4	62.4	3.2	3.1	79.2	50.4	169.6	181.2	285.0	67.4
河北冀中	衡水	45.7	790.8	58.0	445.7	14.4	26.2	31.0	62.2	3.1	2.7	97.7	46.6	163.1	106.0	126.7	30.2
	沧州	41.0	792.0	59.9	373.3	13.5	24.1	29.5	61.4	2.8	2.4	122.7	39.8	157.3	99.3	117.9	27.9
	石家庄	41.9	793.4	60.0	409.8	13.9	27.0	30.4	62.3	3.1	3.5	95.3	54.6	168.1	112.4	146.8	35.8
	平均	42.9	792.1	59.3	409.6	14.0	25.8	30.3	62.0	3.0	2.9	105.2	47.0	162.9	105.9	130.4	31.3

续表

地区	籽粒品质性状							粉质参数					拉伸参数			
	千粒重/g	容重/(g/L)	籽粒硬度/%	降落数值/s	蛋白质含量(干基)/%	沉淀值/ml	湿面筋含量/%	吸水率/%	形成时间/min	稳定时间/min	弱化度/BU	粉质质量指数/mm	拉伸长度/mm	拉伸阻力/BU	最大拉伸阻力/BU	拉伸面积/cm²
平均值	43.5	796.2	61.9	426.3	13.8	34.0	30.1	59.7	3.7	4.9	74.1	64.0	159.5	194.7	270.1	60.2
最小值	38.9	774.6	54.0	243.3	12.5	23.0	24.7	54.6	2.7	2.4	31.3	39.8	141.1	99.3	117.9	27.9
最大值	47.8	811.0	71.3	525.3	15.1	56.2	34.6	62.7	5.4	8.6	122.7	96.6	177.2	362.3	561.8	123.1
极差	8.9	36.4	17.3	282.0	2.6	33.2	9.9	8.1	2.7	6.2	91.4	56.8	36.1	263.0	443.9	95.2
标准差	2.8	9.8	4.6	87.9	0.8	12.4	3.5	3.1	0.9	2.6	26.2	22.0	11.6	79.5	126.9	27.6
变异系数/%	6.4	1.2	7.5	20.6	5.9	36.4	11.6	5.2	24.0	52.5	35.3	34.3	7.3	40.8	47.0	45.8

附表 12　2010 年农户田间样品和粮库仓储样品的质量性状

项目		籽粒品质性状							粉质参数						拉伸参数			
		千粒重/g	容重/(g/L)	籽粒硬度/%	降落数值/s	蛋白质含量（干基）/%	沉淀值/ml	湿面筋含量/%	吸水率/%	形成时间/min	稳定时间/min	弱化度/BU	粉质质量指数/mm	拉伸长度/mm	拉伸阻力/BU	最大拉伸阻力/BU	拉伸面积/cm^2
平均值	农户	43.2	795.2	60.4	396.7	14.0	33.7	31.2	59.8	3.9	5.3	85.4	69.8	167.3	187.7	253.1	59.0
	粮库	43.5	796.2	61.9	426.3	13.8	34.0	30.1	59.7	3.7	4.9	74.1	64.0	159.5	194.7	270.1	60.2
	差值	−0.3	−1.0	−1.5	−29.6	0.2	−0.3	1.1	0.1	0.2	0.4	11.3	5.8	7.8	−7.0	−17.0	−1.2
极差	农户	8.1	45.6	14.7	400.8	3.1	36.5	11.0	9.3	3.7	9.6	105.2	96.3	82.6	170.6	247.2	52.1
	粮库	8.9	36.4	17.3	282.0	2.6	33.2	9.9	8.1	2.7	6.2	91.4	56.8	36.1	263.0	443.9	95.2
标准差	农户	2.7	13.7	4.8	111.3	0.7	11.5	3.2	2.4	1.0	3.0	35.1	28.4	23.7	41.7	64.3	15.1
	粮库	2.8	9.8	4.6	87.9	0.8	12.4	3.5	3.1	0.9	2.6	26.2	22.0	11.6	79.5	126.9	27.6
变异系数/%	农户	6.2	1.7	8.0	28.1	5.2	34.0	10.4	4.1	25.4	57.1	41.1	40.6	14.2	22.2	25.4	25.7
	粮库	6.4	1.2	7.5	20.6	5.9	36.4	11.6	5.2	24.0	52.5	35.3	34.3	7.3	40.8	47.0	45.8

附表 13　2010 年区域(豫北、冀中)农户田间小麦产量

地区	平均亩产量/(公斤/亩)	变幅/(公斤/亩)	变异系数/%
新乡 (n=20)	531±67.63	389～678	12.75
安阳 (n=11)	494±68.47	395～589	13.87
石家庄 (n=29)	494±99.29	289～739	20.11
区域平均 (n=60)	506±85.16	289～739	16.83

附表 14　2010 年区域(豫北、冀中)农户田间种植的小麦品种产量

品种	平均亩产量/(公斤/亩)	变幅/(公斤/亩)	变异系数/%
矮抗 58 (n=20)	533±64.97	395～678	12.19
周麦 16 (n=7)	495±67.65	411～589	13.65
西农 979 (n=3)	502±123.33	389～634	24.56
衡观 35 (n=9)	500±90.14	348～628	18.01
石新 828 (n=15)	488±106.49	289～739	21.83
良星 99 (n=6)	484±92.18	315～584	19.04
平均 (n=60)	506±85.16	289～739	16.83

附表 15　2010 年区域(豫北、冀中)农户田间小麦的品质性状

地区	籽粒品质性状							粉质参数						拉伸参数			
	千粒重/g	容重/(g/L)	籽粒硬度/%	降落数值/s	蛋白质含量(干基)/%	沉淀值/ml	湿面筋含量/%	吸水率/%	形成时间/min	稳定时间/min	弱化度/BU	粉质质量指数/mm	拉伸长度/mm	拉伸阻力/BU	最大拉伸阻力/BU	拉伸面积/cm²
新乡	45.0	808.0	60.0	450.0	13.5	31.0	26.4	55.9	8.0	15.1	34.0	188.0	140.0	210.0	269.0	52.0
安阳	44.1	800.0	60.0	436.0	13.7	24.9	26.6	54.5	2.9	5.9	75.0	76.0	141.0	166.0	194.0	39.2
石家庄	41.5	815.0	64.0	427.0	14.0	30.4	29.0	57.3	3.5	11.0	40.0	126.0	171.0	171.0	233.0	56.0
平均值	43.5	807.7	61.3	437.7	13.7	28.8	27.3	55.9	4.8	10.7	49.7	130.0	150.7	182.3	232.0	49.1
最小值	41.5	800.0	60.0	427.0	13.5	24.9	26.4	54.5	2.9	5.9	34.0	76.0	140.0	166.0	194.0	39.2
最大值	45.0	815.0	64.0	450.0	14.0	31.0	29.0	57.3	8.0	15.1	75.0	188.0	171.0	210.0	269.0	56.0
极差	3.6	15.0	4.0	23.0	0.6	6.1	2.6	2.8	5.1	9.2	41.0	112.0	31.0	44.0	75.0	16.8
标准差	1.9	7.5	2.3	11.6	0.3	3.4	1.5	1.4	2.8	4.6	22.1	56.1	17.6	24.1	37.5	8.8
变异系数/%	4.3	0.9	3.8	2.7	2.1	11.7	5.3	2.5	58.1	43.2	44.6	43.2	11.7	13.2	16.2	17.9

附表 16　2010 年区域(豫北、冀中)农户田间小麦品种的品质性状

品种名称	籽粒品质性状							粉质参数					拉伸参数			
	千粒重/g	容重/(g/L)	籽粒硬度/%	降落数值/s	蛋白质含量(干基)/%	沉淀值/ml	湿面筋含量/%	吸水率/%	形成时间/min	稳定时间/min	弱化度/BU	粉质质量指数/mm	拉伸长度/mm	拉伸阻力/BU	最大拉伸阻力/BU	拉伸面积/cm²
矮抗 58 $n=20$	44.7	808.4	60.1	449.6	13.6	29.4	26.6	55.0	5.1	12.3	34.4	150.2	135.1	196.5	235.2	44.4
石新 828 $n=15$	40.3	819.6	64.3	443.4	14.1	33.2	28.9	56.6	4.0	17.4	24.8	189.7	186.1	178.2	267.5	67.8
衡观 35 $n=9$	41.2	805.0	59.6	388.8	14.1	26.0	29.7	58.0	2.8	2.8	65.1	46.3	157.1	138.6	163.8	37.8
周麦 16 $n=7$	46.6	786.9	60.4	439.7	14.0	24.4	27.5	55.0	2.7	2.8	97.6	42.6	147.3	143.3	166.1	35.4
良星 99 $n=6$	43.9	816.7	64.2	419.8	13.2	26.4	27.2	57.0	2.9	5.3	48.0	67.3	148.2	198.2	238.3	49.8
西农 979 $n=3$	43.3	819.8	68.7	476.2	13.0	42.3	25.2	60.2	23.7	33.9	15.7	432.0	160.0	315.0	505.0	103.0
平均值	43.3	809.4	62.9	436.3	13.7	30.3	27.5	57.0	6.9	12.4	47.6	154.7	155.6	195.0	262.7	56.4

附表 17　2008～2010 年农户与粮库小麦样品籽粒质量性状

样品来源	年份	千粒重/g	容重/(g/L)	籽粒硬度/%	降落数值/s	蛋白质含量(干基)/%	沉淀值/ml	湿面筋含量/%
农户	2008	41.9±2.0	790.5±11	58.3±5.7	367.7±37.3	14.0±0.4	33.1±10.2	31.8±2.3
	2009	40.8±3.7	789.4±23.6	60.2±5.2	400.4±71.9	13.6±0.6	33.3±9.0	30.2±4.8
	2010	43.2±2.7	795.2±13.7	60.4±4.8	396.7±111.2	14.0±0.7	33.7±11.5	31.2±3.2
粮库	2008	41.6±2.0	784.1±15.7	58.4±5.7	367.0±36.3	14.0±0.5	32.3±8.5	31.3±3.0
	2009	40.6±3.0	785.6±25.8	59.1±5.3	387.8±58.8	13.3±0.6	32.3±9.1	30.3±3.2
	2010	43.5±2.8	796.2±9.8	61.9±4.6	426.3±87.9	13.8±0.8	34.0±12.4	30.1±3.5

附表 18　2008～2010 年农户与粮库小麦样品面团流变学特性

样品来源	年份	粉质参数					拉伸参数			
		吸水率/%	形成时间/min	稳定时间/min	弱化度/BU	粉质质量指数/mm	拉伸长度/mm	拉伸阻力/BU	最大拉伸阻力/BU	拉伸面积/cm^2
农户	2008	59.9±3.0	4.1±0.9	6.8±2.9	86.2±21.9	77.2±25.5	165.0±13.0	269.0±62.8	376.2±81.6	82.9±13.5
	2009	61.8±2.9	3.9±1.0	5.3±2.8	87.3±29.5	69.8±29.7	157.2±38.7	212.4±116.1	251.3±151.6	80.4±85.1
	2010	59.8±2.4	3.9±1.0	5.3±3.0	85.4±35.1	69.8±28.4	167.3±23.7	187.7±41.7	253.1±64.3	59.0±15.1
粮库	2008	59.8±2.0	3.6±0.7	4.2±1.7	88.0±32.6	59.4±16.3	169.0±17.0	215.0±43.9	283.7±64.4	68.3±15.6
	2009	61.4±3.9	3.6±1.4	4.5±2.7	87.2±35.1	63.7±30.1	200.4±133.2	185.2±106.2	190.1±97.0	63.9±45.6
	2010	59.7±3.1	3.7±0.9	4.9±2.6	74.1±26.2	64.0±22.0	194.7±79.5	270.2±126.9	235.8±75.9	60.2±27.6

附表 19　2008～2010 年优质小麦品种的品质性状

品种名称	2008 年		2009 年		2010 年		2008～2010 年		容重	蛋白质含量	沉淀值	湿面筋含量	稳定时间
	样品数	优质率/%	样品数	优质率/%	样品数	优质率/%	样品数	优质率/%	/(g/L)	/%	/ml	/%	/min
西农 979	16/28	57	15/23	65	13/23	57	44/74	59	787	14.0	44.0	28.1	15.7
济南 17	9/9	100	5/8	63	0/3	0	14/20	70	783	14.0	40.3	34.2	10.3
邯 7086	6/6	100	4/9	44	0/4	0	10/19	53	803	13.8	25.0	29.9	7.1
郑麦 9023	5/7	71	1/5	20	1/7	14	7/19	37	789	14.2	53.2	26.9	8.2
山农 12 号	6/14	43	0/3	0	1/1	100	7/18	39	787	14.2	49.3	34.8	8.1
郑麦 366	4/4	100	3/8	38	1/4	25	8/16	50	793	14.6	48.4	29.1	10.5
师栾 02-1	6/6	100	3/3	100	4/4	100	13/13	100	788	15.1	30.8	32.6	20.9
新麦 18	5/8	63	2/3	67	1/2	50	8/13	62	798	15.2	41.0	31.1	10.2
西农 88	3/8	38	1/1	100	0/4	0	4/13	31	789	14.4	34.2	33.7	7.7
石优 17	3/3	100	3/3	100	4/5	80	10/11	91	783	13.6	26.0	29.4	10.2
泰麦 1 号	3/3	100	2/3	67	3/3	100	8/9	89	810	13.0	42.4	27.9	10.8
新麦 19	3/4	75	3/4	75	1/1	100	7/9	78	796	15.2	32.1	29.7	8.2
丰舞 981	1/1	100	1/4	25	2/3	67	4/8	50	778	13.1	25.0	23.7	9.9
烟农 19	10/12	83	6/8	75	—	—	16/20	80	788	13.8	41.4	30.0	15.3
济麦 20	10/11	91	4/8	50	—	—	14/14	74	801	14.2	40.6	31.4	13.9
济宁 16 号	6/6	100	4/6	67	—	—	10/12	83	812	13.4	40.0	30.1	10.7
藁优 9415	8/8	100	2/2	100	—	—	10/10	100	793	14.5	32.3	32.8	23.8
烟农 21	3/4	75	5/5	100	—	—	8/9	89	777	13.5	42.5	28.4	8.7
烟农 23	4/6	67	2/2	100	—	—	6/8	75	805	12.5	35.0	27.6	9.4
青丰 1 号	3/3	100	0/3	0	—	—	3/6	50	805	13.4	34.4	29.0	7.6
淄麦 12	4/8	50	—	—	—	—	4/8	50	815	13.6	38.5	30.9	7.0
藁优 8901	4/4	100	—	—	—	—	4/4	100	770	14.2	22.5	31.7	11.0

注：表中 6/28,其中 28 表示当年或 3 年总样品数,6 表示稳定时间≥7min 的样品数,“—”表示样品数或优质率为 0

后　记

本书的主要研究内容由《国家现代农业产业技术体系建设专项(CARS-03)》资金支持，国家小麦产业技术研发中心指导，加工研究室主任魏益民教授负责研究规划、实验设计，并组织实施。

本书部分章节的研究内容，如第7章，由中国农业科学院农产品加工研究所魏益民教授(豫北)、河南省粮食科学研究所尹成华教授级高工(豫中)、中国农业科学院作物科学研究所王步军研究员(鲁东)、河北省石家庄市农业科学研究院郭进考研究员(冀中)、西北农林科技大学张国权教授(关中)、山东农业大学田纪春教授(鲁西)及其团队分区域负责实施。中国农业科学院农产品加工研究所魏益民教授及其团队负责数据处理、总报告撰写等工作。在各单位密切配合、多名研究人员参与下，完成了2008～2010年连续3年黄淮冬麦区小麦质量调查研究工作。目前，这项工作还在继续(2008～2012年)，并且新增加了黄淮冬麦区的3个地市(安徽省宿州市、河北省邢台市和邯郸市)。

在此，感谢所有参与人员的相互支持、鼎力合作、辛勤工作和无私奉献！

魏益民

2012年10月28日